不内耗的管理

刘建平　陆海洋◎著

人民邮电出版社

北　京

图书在版编目（CIP）数据

不内耗的管理 / 刘建平, 陆海洋著. -- 北京 ： 人民邮电出版社, 2025. -- ISBN 978-7-115-66537-9

I. B842.6-49

中国国家版本馆 CIP 数据核字第 2025ZT1621 号

◆ 著　　　刘建平　陆海洋
　责任编辑　侯玮琳
　责任印制　陈　犇

◆ 人民邮电出版社出版发行　　北京市丰台区成寿寺路 11 号
　邮编　100164　电子邮件　315@ptpress.com.cn
　网址　https://www.ptpress.com.cn
　三河市中晟雅豪印务有限公司印刷

◆ 开本：880×1230　1/32
　印张：9.125　　　　　　2025 年 8 月第 1 版
　字数：179 千字　　　　　2025 年 8 月河北第 1 次印刷

定价：59.80 元

读者服务热线：(010)81055410　印装质量热线：(010)81055316
反盗版热线：(010)81055315

推荐序一

不内耗的管理正当其时

近年来，"新质生产力"一词频频出现在政府工作报告、媒体头条和各类论坛的主题上。

谈到新质生产力，我们常常首先考虑到高尖端人才、高科技产品、关键核心技术，往往忽略了以人为本的幸福感的提升和人的全面发展。事实上，如果不能对人才进行有效管理，让他们"快乐工作、幸福生活"，那么，企业拥有再好的资源也难以形成真正的核心竞争力。要知道，不论是新质生产力，还是传统生产力，其终极目标都是一样的，那就是以人们的需求为基点，让人们获得幸福。

在当前，管理内耗的声音不绝于耳，刘建平、陆海洋的《不内耗的管理》一书像夏日里的一缕凉风拂过心田，让人心情舒畅，幸福感满满。作者以马丁·塞利格曼的幸福大厦模型为基础框架，融合积极心理学、管理学等多学科的知识，结合自己的职场感悟，提出了以"一基五柱"为思路的幸福领导力框架结构，字里行间充满了科学见解、实用智慧和深刻反思，令人耳目一新、豁然开朗，为管理实践者和研究者提供了理论依据、实践借鉴和方法指引。

让我印象深刻的是，作者没有进行鸡汤文式的空洞说教，行文也不像学术著作那样枯燥难懂，而是将"幸福领导力"这一主题放在具体生动的案例故事中，实现了"管理的故事解读，小说般的妙趣横生；故事的管理观察，学术式的深刻通透"。

我于1981年到美国留学，曾就读于美国克莱蒙特研究生大学，1991年回国。作为彼得·德鲁克先生的学生，回国后，我一直坚持做德鲁克管理学说在国内的传播工作，并将德鲁克的管理思想应用到中国企业的管理实践中。2025年2月，我的著作《管理学大师的智慧：彼得·德鲁克经典著作导读》出版，该书对德鲁克著作所蕴含的思想进行了比较全面的解读和较为深入的探讨。

在《不内耗的管理》一书中，作者采取了"理论与实践相结合、效率与效果相统一"的论证方法，与德鲁克管理学说的精髓是吻合的，与我长期身体力行的理念也是一致的。本书内容丰富，结构完整，目标清晰，观点新颖，为管理实践者和研究者提供了一种新的思路，相信各位读后定会受到很多启发。

南京大学人文社会科学资深教授

南京大学商学院名誉院长

南京大学行知书院院长

赵曙明　博士

推荐序二

新时代的人格化高效管理

初阅本书，我便被封面上的"不内耗的管理"几个大字所深深吸引，迫不及待地逐页细读，欲罢不能。读后我豁然开朗：这本书犹如苍黄大漠中的一抹青翠，令人眼前一亮，颇有一种撼人心魄的精神力量。

作者结合自己多年的职场感悟，秉持"快乐工作、幸福生活"的人文管理理念，根据美国心理学会主席马丁·塞利格曼教授的PERMA（"积极情绪""投入""人际关系""意义""成就"的英文首字母）模型，融合积极心理学、文化学、管理学、社会学、教育学等多学科知识，以案例故事、理论逻辑、启智增慧为思考递进路线，以性格优势、积极情绪、投入、人际关系、意义、成就为核心主题，在澄清幸福的五大误区基础上提出了一系列"幸福心法"和"管理诀窍"，犹如醍醐灌顶，令人精神提振。

该书架构完整、布局合理，史料丰厚、文笔畅达，纵贯古今、横联中外，知行统一、史论结合，是一部既高屋建瓴又紧接地气、既立足当下又放眼长远、既具理论价值又有实操技巧的"幸福领导力大全"，值得推荐。具体说来，本书有五个显著特点：一是视角独特，真情洋溢；二是广辑细核，资料翔实；三是面广量大，内容丰富；四是梳之有序，思路明晰；五是语言生动活泼，故事情节细腻。全书既秉笔直书又情理交融，既有史料性又有趣味性，既有学术性又有可读性，使人读起来心旷神怡、如饮醇醪，感到特别自然、亲切、快乐、幸福。

细读《不内耗的管理》，品味选取的案例，理解管理的学理，领悟作者的解析，汲取该书的智慧，使我深切体会到：不内耗的管理才是最优化管理，才是多视域综合性的新时代人格化高效管理。管理者要遏制内耗、求取高效，必须强化修养、濡化人格，以身作则、率先垂范，同时，还要注重管理艺术的锤炼升华和工作团队的共同幸福。正如作者一语中的：幸福领导力是"管理者影响并带领团队在奋斗中一起奔赴幸福的能力"，其本质是追求"共同幸福"，其目标是达到"真善美"，而"幸福领导力才是企业终极的核心竞争力"。

我与本书首作刘建平相识，是在2019年的一次企业文化高端论坛上。他的热诚率真、谦虚好学、书生意气、活力满满，给我留下了非常深刻的印象。之后几次相聚，我们相谈甚欢、开怀畅饮，直至深夜。他的作品，披沙沥金、茹古涵今，文字似春风化雨、如流水潺潺，耐人寻味、动人心弦，串点成线、连线成面，拥有历史与现实交汇、国内与国外交集、工作与生活交融的本真韵味和人文教化作用，启智润心、培根铸魂，有很强的感染力、感化力和感召力，因而具有独特的历史价值、文化价值、社会价值和教育价值。

山东师范大学特聘教授

享受国务院政府特殊津贴专家

临沂大学原校长

韩延明 博士

赞　誉

内卷是引发各界广泛共鸣的高频主题，然而不内卷却是职场人的心之所向，但是多数人因无力对抗内卷而"随波逐流"。此书以不内卷的方式破解内卷，展现出三个特色：一是底层逻辑有理有据，给出了不内卷的积极心理学思想，提出了实现"共同幸福"的幸福领导力方略，体现了真善美的管理境界，澄清了幸福的五大管理误区；二是逻辑框架有根有据，由案例故事、理论逻辑、启智增慧构成了思考递进路线；三是文风有声有色，专业语言运用精准，可读性强，读感流畅。总之，此书聚焦时代热题，专业引领卓越，叙述丝丝入扣，值得一读。

——中国心理学会积极心理学专业委员会主任委员、

北京师范大学心理学部二级教授　许燕

战略就是做正确的事，管理就是把事做正确。本书用"案例故事"再现具体生动的管理场景，用"理论逻辑"定义什么是正确的事，用"启智增慧"探讨如何把事做正确，实现了战略与管理的辩证统一、理论与实践的有机融合、效率和效果的浑然一体，非常值得阅读！

——清华大学苏世民书院常务副院长、教授　潘庆中复杂多变的环境让人们的内心变得不安，管理者借助幸福领导力能够帮助员工获得内心的稳定感与内在驱动力，从而提升组织的韧性。幸福领导力是管理者需要习得的一种能力。在新的组织绩效度量方法中，幸福感是每个人的责任，这意味着更优的组织整体系统，更高的顾客价值创造，以及更好的员工成长体验。

——管理学者　陈春花

幸福是奋斗出来的，幸福领导力是让人人都获得幸福的能力。这本书运用有用的工具、清晰的逻辑，有理有据地分析了如何打造幸福领导力，达成不内耗的管理，让人感觉温暖而有力量、广博而有厚度，为追求幸福的个人、企业和政府打开了一扇新世界之窗。

——清华大学公共管理学院中国公共管理案例中心主任　慕玲

《不内耗的管理》，仅仅这个书名就引人深思。人和人、组织和组织真正的差距不是由起点的不同造成的，而是由对时间、精力和情感的分配能力的不同引起的。减少内耗不仅是成本的集约，更是对效能的激活，让个人和组织都把更多的时间、精力和情感用于幸福领导力和价值创造力的提升上。

——北京大学国家发展研究院传播中心主任　王贤青

《不内耗的管理》是写给现代管理者的幸福心法。作者以独特的叙事风格和实战经验，揭示了如何通过高效管理减少组织内耗、提升团队效能。书中不仅提供了实用的管理工具，更以生动的故事和深刻的洞察，帮助管理者在复杂环境中找到平衡点与突破口。这是一本既有温度又有深度的管理指南，也是通往幸福之门的精准导航工具。

——正和岛总编辑　陈为

判断一本书是否值得推荐，首先看它能否清楚地回答三个问题：是什么？为什么？怎么办？打开这本书前，我曾问自己：什么是不内耗的管理？为什么要追求不内耗的管理？怎样才能实现不内耗的管理？看完这本书后，我感觉自己找到了问题的答案，相信你也可以找到。向大家推荐阅读《不内耗的管理》。

——《企业家》杂志社社长　王仕斌

如果你想掌握更高级的管理之道，如果你想成为更幸福的管理者，《不内耗的管理》应该能给你带来很大的帮助。

——个人品牌顾问、《一年顶十年》作者　剽悍一只猫

幸福经济学要走的路线就是不再单单用GDP来衡量一个国家的实力，而是以GNH（国民幸福总值）带动的GDP作为一个国家

实力的判断标准。

——哲企家创办人、香港传承学院院长　李志诚

本书从以科学手段剖析幸福入手，借助丰富案例拆解幸福领导力"一基五柱"框架，融合理论与实践，为管理者系统提供了破内耗、强管理的相关策略。

——北京大学光华管理学院管理实践教授　谢克海

"喜怒哀乐之未发，谓之中；发而皆中节，谓之和。……致中和，天地位焉，万物育焉。"本书充分体现了《中庸》的精神，是融合中国传统文化与西方企业管理思想的体知之作。书中引用了体现孟子"与众乐乐"思想的古文，是忧患意识在新时代的回响，是弘毅精神在管理界的实践。

——长江商学院研究学者、
北京大学高等人文研究院研究员
王建宝

以人为本是不变的管理真理。虽然科技发展日新月异，但是管理仍离不开遵循人性。本书是一本值得管理者拥有的书。

——北京大学经济学院客座教授、上海丰会商学院执行院长
赵承阁

我始终认为应该将"幸福学"列为一门正式的学科，使其为个人、组织乃至社会提供能量源泉。非常开心的是，我与建平老师能有此共识，并持续为"幸福学"的建设和发展贡献绵薄之力。这本书不但是写给管理者的幸福心法，更是将"幸福学"引入日常的必备指南，期待对你有启发。

——跨国访学者、创新投资人　尹慕言

这是一本极具洞察力的管理指南，为追求卓越与幸福的管理者提供了全新的视角。书中从"幸福领导力"这一终极目标出发，通过科学的理论与实用的方法，深入探讨了自我性格优势、积极情绪、巅峰体验、人际关系、意义感与成就感等核心主题，帮助管理者在复杂的工作环境中找到内心的平衡与动力，从而实现自我成长与领导力提升。

—— 畅销书《有解》作者　顾淑伟

管理者如何打造幸福企业，影响并带领团队一起奔赴幸福？这本书以丝丝入扣的框架体系，丰富翔实的案例故事，逻辑严密的经典理论，有用有效的工具方法，给出了系统科学的精准回答，堪称"共同富裕情境下打造幸福团队的落地方案"。

——数舱科技（北京）有限公司创始人　胡丕辉

自　序

幸福领导力：远离内耗，让管理更高效

一次，我和几个朋友小聚，大家都是来自各行各业的管理者。一个朋友不经意间提到了"管理内耗"，引发了大家的共鸣。A说，每天"两眼一睁，忙到熄灯"，但晚上躺在床上，复盘一天的工作，还是感觉好多时间其实都浪费在内耗上了，太可惜了！如果一家公司没有内耗，业绩就能增长50%。如果一个人没有内耗，工作效率就能有50%的提升空间。

话音刚落，B马上附和道："的确如此！使人疲惫的不是远方的高山，而是鞋子里的一粒沙子。"他接着说，"真正让我们疲于奔命的，不是忙碌的工作，而是没有价值的折腾；真正让我们感到压力巨大的，不是'适者生存、优胜劣汰'的竞争，而是看似精益求精的'内卷'；真正消耗我们精力的，不是对复杂问题的冲锋攻关，而是纠正不完的低级错误。"

C在一家大型公司的调研室工作，对A和B的话感同身受，他一脸无奈地说："唉，别提了，说多了全是泪呀！我们部门的职责本是进行市场调研，搜集情报信息，为公司高管提供决策参考，现在却成了写材料专业户——每天有写不完的材料，改不完的文件。"

D曾是年轻有为的管理者，28岁就成了公司最年轻的中层干

部，那时意气风发，前途无量。如今20年过去了，他原地踏步，还是中层干部，而且逐渐被边缘化了。他有些木然地说："如今想升职升不上去，年龄、学历也都没了优势；想'躺平'又躺不下，家里上有老、下有小，一家人都指望我吃饭呢！"

E是一位名校毕业的博士，领导着一个近1000人的团队。他感叹道："不谦虚地说，我的专业技术在国内是领先水平，但手下的人对我提出的方案根本理解不了，在执行中完全走了形，真是气人。"

A看我笑而不语，便说道："老刘，这些年你不是一直在做幸福领导力方面的研究吗？还出版了几本书[1]，你有什么高见吗？"

我淡然地说道："高见谈不上。人人都有一本难念的经。我也曾经因'内卷'而疲惫不堪，因职场瓶颈而夜不能寐，因对未来的焦虑而忧心忡忡，因错失机会而郁郁寡欢，甚至还专门去看过心理医生。但是，在理论研究和管理实践的碰撞中，我逐步摸索总结出了一个有用有效的'幸福领导力'模型。在实践中，我努力做到知行合一，以理论指导实践，以实践丰富理论。其间，我也曾经历过'由肯定到否定再到否定之否定'的循环往复，在波浪式前进中，精神内耗越来越少，心态也越来越松弛，工作更

---

[1] 主要是指《幸福领导力：藏在故事中的管理智慧》《零压工作：构建职场幸福大厦》《领导艺术的修炼：培养真正伟大的企业领袖》。——作者注

快乐了，生活更幸福了，效率更高了。

这让我意识到，幸福领导力是可以让管理者减少内耗，甚至终结内耗的良药，不内耗的管理也应该是当下急需回答、值得深入研究的时代课题。"

说到这里，有人问我："苏格拉底有'人生三问'——我是谁？我从哪里来？我要到哪里去？你能不能回答一下，幸福领导力是什么？幸福领导力从哪里来？幸福领导力要到哪里去，即目标是什么？"

这三个问题看似简单，却博大精深，我就尝试做了回答。没想到，大家都觉得很有启发，还建议我整理出来，分享给更多人。

• 幸福领导力是什么

幸福领导力是管理者影响并带领团队一起奔赴幸福的能力，体现了共同幸福。

在《孟子·梁惠王下》中，孟子与齐宣王有一段经典对白。孟子曰："独乐乐，与人乐乐，孰乐？"齐宣王曰："不若与人。"孟子曰："与少乐乐，与众乐乐，孰乐？"齐宣王曰："不若与众。"与孟子倡导的"与人乐乐""与众乐乐"类似，我们所说的"幸福领导力"指的是管理者影响并带领团队在奋斗中一起奔赴幸福的能力。

这是由管理者的本质决定的。管理不是一个人的独唱，而是由管理者指挥的大合唱，其个人业绩主要不是依靠自己取得的，而是通过下属来体现，管理者的组织贡献比个人贡献更重要。因此，判断一名管理者幸福领导力水平的高低不看其个人幸福指数的高低，而看其能否成人达己、成己达人，"一花独放不是春，万紫千红春满园"，关键看团队整体幸福水平的高低。

企业家稻盛和夫刚创立公司的时候，曾遇到年轻员工集体辞职的情况。在和他们的沟通中，稻盛和夫领悟到，创办公司，如果只是为了实现个人的理想是远远不够的，经营公司的首要目的是保障员工及其家庭的幸福。

幸福领导力不是假大空地喊几句响亮的口号，而是要付出行动。当一个管理者将幸福领导力作为具体行动指南时，他在为公司的发展而努力时考虑的就不只是个人财富的增长，而是共同幸福："大家好才是真的好。"他也会有更强的使命感，还能从与下属的关系中得到滋养，获取能量，而这种双向奔赴的幸福是任何物质享受都无法比拟的。

• 幸福领导力从哪里来

幸福领导力来源于积极心理学、管理学等多学科知识的跨界融合，有着深厚的理论和实践基础。

恩格斯曾说："一个民族要想站在科学的最高峰，就一刻也不能没有理论思维。"幸福领导力不是凭空想象出来的，而是有深厚理论支撑的，是经实践检验且确实行之有效的。其底层逻辑是以马丁·塞利格曼的幸福大厦模型为基础，融合积极心理学、管理学等多学科知识，能够对抗心理内耗、提升管理效能的科学方法论体系。

由于幸福领导力的本质是追求共同幸福，因此，关于幸福领导力的论述始终是围绕自我管理和团队管理两个维度来展开的，其中自我管理是幸福领导力的基础。彼得·德鲁克也认为，自我管理是一切管理的前提。环顾四周，我们不难发现，越成功的人越善于自我管理。

幸福领导力的整体框架是"一基五柱"（如下图所示）。

幸福领导力的整体框架

其中，**"一基"是自我性格优势与美德，这是筑牢幸福领导力大厦的地基**。基础不牢，地动山摇。只有发现自身优势并将其充分发挥出来，我们才能够筑牢积极情绪、投入、人际关系、意义、成就等五个支柱，从而活出心花怒放的人生。

"五柱"的含义如下。

一是积极情绪，建设知行合一的企业文化。幸福领导力要求管理者不仅自身树立积极情绪，还要通过营造知行合一的组织文化，让积极情绪惠及团队成员。

二是投入，享受福流的巅峰体验。最好的工作状态并非得过且过，而是全身心投入其中，到达福流的状态。在这种状态下，我们能够忘记时间，忘记自己，心灵得到极大的满足和感到愉悦。幸福领导力要求管理者不仅自身要全情投入工作，还要营造一个积极向上的工作氛围，让团队成员也能享受到这种福流的极致体验。

三是人际关系，打造良好的团队生态体系。人际关系是绝对不能忽视的重要生产力变量，其影响力远远超出人们的想象，甚至比金钱、外貌和地位更能影响一个人的幸福指数。良好的人际关系能够持续地为人们带来能量和温暖。因此，幸福领导力要求管理者不仅要正确处理上下级关系，还要构建一个既和谐又具有竞争力的团队。

四是意义，创造有价值的生活。生活如果有意义，就算你在困境中也能甘之如饴，时刻有活着、充盈的感觉；生活如果没有意义，就算你在顺境中，也可能会感觉度日如年、了无滋味。意义可以赋予生命别样的色彩。幸福领导力要求管理者不仅自己追求有意义的事业，还要让员工感觉自己的工作有价值、有意义。

五是成就，带领团队到有牛奶和蜂蜜的地方去。德鲁克认为，管理的核心在于责任，而责任有三个层面，其中首要的就是创造绩效。缺乏绩效的管理者是空洞无力的，也无法赢得他人的信任。因此，优秀的管理者以结果为导向，用业绩来证明自己。这不仅是组织的需求，也是个人心理建设的需求。幸福领导力要求管理者内外兼修，不仅培养自己的内在魅力，还要帮助他人成长，带领团队走向充满希望的未来。

• 幸福领导力要到哪里去，目标是什么

幸福领导力追求的目标简单纯粹，就是"真善美"。

提升幸福领导力，需要坚持知行合一，信奉长期主义，在丰富生动的管理实践中不断品味什么是真，什么是善，什么是美。这也将不断净化人的心灵，激发人的精进意识，驱逐精神内耗。

幸福领导力的"真"就是要尊重企业管理规律，顺应时代发展潮流，注重实效，讲究效率，实现企业管理科学化，提升企业核心竞争力，做到基业长青。

幸福领导力的"真"的终极状态是设立自动运行的游戏规则，建立良好的运行机制，团队成员时刻处于自发自觉的状态，做到"领导在与不在一个样，检查与不检查一个样，考核与不考核一个样"，这样管理者就会非常轻松，下属的工作也会比较有秩序。

　　幸福领导力的"善" 就是要坚持以人为本，尊重人才、尊重创新，力求公正、公平、公开，使每个人都能找到与个人性格和能力优势相匹配的岗位，有尊严地快乐工作、幸福生活。

　　德鲁克曾经指出："管理的本质其实就是激发和释放每一个人的善意。"人是无法被改变的，只能被激发、被赋能。在一个充满善意的企业里，管理可以让慵懒者变得勤奋，让平庸懈怠者变得积极进取，让投机取巧者变得踏实肯干，让大家都向着"使生活更美好"的目标自觉努力奋斗。

　　幸福领导力的"美" 就是要引导团队成员认清自己的角色定位，大家各司其职，创造一种合作默契、温馨和谐、令人愉悦的工作氛围，一起让工作和生活变得更美好。

　　在一个运营良好的组织中，管理者应该划清职责边界，引导大家按照规则和流程，自觉自发，尽心尽力地做好分内的事。

　　幸福领导力并不是某些卓越管理者独有的能力，也不是少数人与生俱来的特殊天赋，而是值得每一个人用一生去探索的课题，是每一个管理者都可以各取所需的普世智慧。不论是管理理论的研究者（商学院师生等），还是管理实践的探索者（企业的各层管理者），或者是走在通往管理道路上的潜力"打工人"，都可以在探索幸福领导力的过程中获得启发，远离精神内耗。

刘建平

2025年5月

目　录

引　子

从科学的角度看，什么是真正的幸福

● 关于职场幸福的五个误区

关于幸福，每个人都有自己的解读，就如"一千个人眼中就有一千个哈姆雷特"，一千个人就有一千种自己定义的幸福。但是，从心理学角度来看，科学的幸福是有标准的，我们对幸福的理解，尤其是对职场幸福的理解，往往存在一些误区。

误区一：幸福就是没有工作压力

"钱多事少离家近，位高权重责任轻，睡觉睡到自然醒，数钱数到手抽筋。"很多职场人这样描述理想的工作状态，认为这就是他们的职场幸福。但是，这样不劳而获甚至不劳多获的现象是不符合市场价值规律的，在现实生活中是极小概率事件。

假如有一天，你获得了这样的工作，会幸福吗？未必。京东集团创始人刘强东曾在访谈中表示，他很享受自己努力工作的状态，他每天工作16小时，如果让他什么都不干就躺在沙滩上晒太阳，他会觉得很痛苦。宏碁集团创始人施振荣也表示，睡一觉醒来，如果没有困难可以挑战，他会觉得活着没什么意思。

我的一位朋友在一家企业工作，待遇和福利都非常好，他的住处距离办公室很近，步行也就五分钟的路程，不用挤公交、赶地铁，没有通勤奔波之苦，大部分工作都外包出去了，他每天只负责下发需求和验收成果……可以说，这是一个活生生的"躺赢"案例。但他感觉并不幸福，甚至有些枯燥乏味，于是他萌发了辞职创业的念头。他说："这份工作太乏味，太没有技术含量了，我感觉无法实现自己的价值。"

看到这里，你可能会觉得这位朋友有点"凡尔赛"，认为他可能只是随口说说罢了。但是，他是认真的。没多久，他真的辞职创业了。他在社交媒体上这样写道："在几次彻夜难眠之后，我做出了自己的选择。我不愿继续过那种一眼就能看到退休的生活，而是选择挑战，去追求属于自己的诗与远方。"

斯坦福大学心理学教授凯利·麦戈尼格尔（也译为凯利·麦格尼格尔）研究发现，最幸福的人并不是没有压力的人，相反，而是那些有压力，但能把压力看作朋友的人。这样的压力，是生活的动力，它会让我们的生活更有意义。

误区二：幸福就是比别人好一点

谈到幸福，有些人就会想起电影《求求你，表扬我》中的一段台词："幸福，那就是我饿了，看别人手里拿个肉包子，那他就比我幸福；我冷了，看别人穿了一件厚棉袄，他就比我幸福；我想上茅房，就一个坑，你蹲那了，你就比我幸福。"

孔子曾说，"不患寡而患不均"，也就是不怕自己得到的少，就怕自己得到的比别人少。但比较是没有意义的，它也是很多人生悲剧的源头，你是否幸福其实与他人无关，与幸福的能力和方法有关，这完全取决于你自己。

误区三：幸福就是不差钱

有人认为幸福就是不差钱，有了钱之后想干什么就能干什么，想买什么就能买什么。但是，有钱后我们就真的幸福了吗？也不是。亚当·斯密曾经深刻地指出，关于人类的幸福感，穷人和富人并没有优劣之分。

很多人花一辈子才明白，我们真正需要的东西其实很少。良田千顷不过一日三餐，广厦万间只睡卧榻三尺。

科学研究也表明，金钱和幸福是有一定的关系的，在到达某个节点之前，钱越多人就越幸福，但是过了这个节点，幸福和金钱就没有必然的关系了。诺贝尔经济学奖得主丹尼尔·卡内曼（也译为丹尼尔·卡尼曼）和安格斯·迪顿分析了美国人收入与主观幸福感之间的关系，并在2010年发表了研究结果：在年收入达到约7.5万美元之前，美国人的收入增长与主观幸福感呈正相关关系；然而，当收入超过这一节点后，收入增长对主观幸福感的正向影响逐渐减弱。

误区四：幸福就是天天开心

在谈到幸福时，有些人认为"幸福就是没有痛苦"，天天开心，无忧无愁无烦恼；而任何经历过负面情绪，无论是嫉妒、愤怒、失望、悲伤，还是恐惧或者焦虑的人，都算不上一个真正幸福的人。

天天开心、好事不断的幸福从某种角度来说是一种逃避，因为我们的生活充满了酸甜苦辣咸。真实的人生永远有春夏秋冬、潮起潮落，这是自然规律，谁也逃不掉。

在充满激烈竞争的现代社会里，没有一份工作是不辛苦的，没有一种职业是躺着就可以拿高薪的，没有一个人能随随便便就享有受人尊重的地位。越是看起来光鲜亮丽的事业，越需要付出更多的心力。"欲戴王冠，必承其重。"所有的幸福，都是靠努力争取来的。幸福的人往往具有一个共同的特点，那就是他们将痛苦视为生命必需的养料，让自己不断成长，获得内心的满足。

正如《平凡的世界》一书中的少安和少平兄弟，将艰苦的劳动视为一所把人的意志锻炼成为钢铁的学校，越是艰险越要向前，最终在奋斗中收获了属于自己的幸福。

误区五：幸福就是成功

有些人一谈到幸福就将它与成功画等号，但是，成功与幸福并非完全对等，成功的人不一定幸福。如奥地利心理学家维克托·弗兰克尔（也译为维克多·弗兰克尔）所说，"成功就像幸福一样，可遇而不可求。它是一种自然而然的产物，是一个人无意识地投身于某一伟大的事业时的衍生品，或者是为他人奉献时的副产品"。

据《中国青年报》报道，在名校读书最大的挑战并不是学术问题，而是焦虑和不幸福感。成绩越优秀的学生对自己的期待越高，就越焦虑。这些名校学生在外人眼中是"千军万马过独木桥"的成功者，但这种成功并不一定带来幸福感。

如果你拿着成功学的地图，去寻找幸福的新大陆，那么你是抵达不了目的地的。但是，如果你拿着幸福学的地图，去寻找成功的新大陆，你可能会一帆风顺。一个心中洋溢着幸福的人，大概率会取得更好的绩效，实现更大的成就。

• 基于积极心理学的幸福要义

从积极心理学的角度讲，幸福的本质就是快乐地做有意义的事。快乐是过程，代表当下的美好时光，属于即时的收益；有意义是结果，象征对未来的期待，属于长远的价值。只有做事的过程令人愉悦，且结果有意义时，我们才能在科学的意义上将这种感受定义为幸福。

这样的幸福，体现在精神和身体的两个层面，是从内心深处不断涌现的幸福感，以及深层次的满足感。

幸福并非一种抽象的概念、哲学的思辨，也不是虚幻的感觉、不可捉摸的玄学，而是一种具体的存在，它伴随相应的生理活动。相关研究发现，当一个人感觉幸福的时候，至少伴随着以下四种生理活动。

1. 幸福的人较少有负面情绪

杏仁核位于海马和侧脑室下角顶端稍前处，形状如同一颗杏仁，是我们脑中参与情绪和情感调控的结构。人在不开心、焦虑、恐惧时，杏仁核会自动充血。但是，在观察幸福的人的生理指标时，可以很容易看出来，他们的杏仁核没有过分活动。

2. 幸福的人会分泌一些神经递质

人脑有一个特别重要的神经加工中心VTA（Ventral Tegmental Area，腹侧被盖区），它分泌出来的神经递质，如脑内多巴胺、血清素等，都和幸福体验密切相关。所以，幸福是看得见、摸得着的。

3. 前额叶是体验幸福特别重要的区域

前额叶是我们体验幸福特别重要的区域，在某种程度上可称得上"幸福的审判官"。我们对幸福的感受和单纯的感官上的快乐是不同的。比如，有时候吃东西能让你感觉愉悦，但这不是幸福的体验，因为没有前额叶的参与。

4. 迷走神经和幸福行为密切相关

人类有一种特别重要的神经叫迷走神经，它从人脑延伸到身体各处。迷走神经除了跟呼吸、消化、心脏活动和腺体分泌有关系，还与道德、快乐、幸福等密切相关。当迷走神经兴奋时，人们的呼吸、心跳会变慢，身心会平静下来。所以，人们看到美好事物时，会在不自觉中抬头挺胸，此时迷走神经就能得到充分舒展。

● 幸福职场的内蕴

判断一个职场人是不是幸福，不是看他的职级的高低，而是看这两点：一是他是否喜欢自己的工作，是否享受工作的过程；二是他是否认为自己的工作有意义，是否享受工作的结果。

俞敏洪说："我做事情有两个原则。一个是要觉得好玩，好玩就是自己愿意做。因为你觉得好玩的事情，我不一定觉得好玩，但是我自己觉得好玩的事情我愿意做。但是光好玩不行，你天天打麻将也会觉得好玩，打游戏也会觉得好玩。娱乐的时候，打麻将、打游戏没有任何问题，但是把它作为一件事业做的时候，你就要加上第二个原则——有意义，把有意思和有意义加起来，这个事情八九不离十就是件好事，这是我的判断。"

在我写书的过程中，有人不解地问："写书那么辛苦，你又没有KPI（Key Performance Indicator，关键绩效指标）考核，没有职称评定压力，没有课题任务，为什么还要写？而且一发不可收，还写成了一个系列。你感觉幸福吗？"

我也曾反复问自己这个问题，我发现创作对我来说就是能让自己感觉幸福的事情。从过程来看，创作可以梳理思路、明心见性，达到自我治愈的效果，这是一件很快乐的事；从结果来看，创作可以输出思想、影响他人，实现文以载道、成人达己，这是一件有意义的事，由此带来的成就感也是源源不断的。因此，我坚持创作，而这也符合幸福的科学定义。

可是，在日常生活中，不少人把获得有意义的结果视为能让自己感觉幸福的时刻：以为过程必然是累的，但熬过这一段时间，将来就好了；以为学习的过程是乏味的，但咬牙坚持之后，将来就爽了；以为生活的本质是苦的，但"吃得苦中苦"，过上"人上人"的日子后就好了。这种苦行僧式的"修行"，也能取得一定的成就，但是，当KPI完成后，人们就容易因"小富即安"而失去了持续前行、追求卓越的动力。

诺贝尔奖获得者杨振宁教授在一次采访中说道，我们一直教育学生学习是苦的，但诺贝尔奖是一场顶级选手的终极竞赛，"知之者不如好之者，好之者不如乐之者"。乐之者是做学问的最高境界，苦行僧比不过以学习为乐的人，也在情理之中。

一次，杨振宁在回访母校时，看到大门口的对联"书山有路勤为径，学海无涯苦作舟"，便坚持将对联拿下来，然后又挥笔书写了一副"书山有路勤为径，学海无涯乐作舟"。一字之差，学习的过程由"苦"变为"乐"，立意高低不辨自明，追求境界大有不同。

幸福领导力是管理者追求的终极目标

幸福领导力是指管理者在做好自我管理的基础上，影响并带领团队实现共同幸福的能力。未来，最好的企业不是能实现利润最大化的企业，而是能实现幸福最大化的企业。幸福领导力才是企业终极的核心竞争力，"修炼"幸福领导力是每一个管理者最重要的课题。

　　快乐是提升生产力最直接、最有效的方法。一个人工作越快乐，越能品味美好，获得机会垂青，完成目标绩效。一个以工作为乐的人，想不成功都难。快乐工作是一件多赢不输、皆大欢喜的事，既让"打工人"受益，又符合老板的利益，对整个社会的发展进步也大有裨益。

从快乐球场到快乐职场：打造高效团队的秘密

● 案例故事

　　提到博拉·米卢蒂诺维奇（以下简称"米卢"），中国球迷一定非常熟悉。他曾带领中国国家男子足球队在2002年韩日世界杯亚洲区预选赛出线。米卢之所以能带领队员取得历史性的突破，靠的不全是技战术，他还提出了"态度决定一切""快乐足球"的口号，将球队内部的条条框框理顺了。[1]

　　2023年，当被记者问及"快乐足球"理念是否仍旧适用于如今的中国足球时，米卢给出了肯定的答案。他表示，"快乐足

---

[1] 本案例根据2023年6月18日，中国新闻网的报道《米卢：中国足球仍需"快乐理念 有机会想去海南看看"》整理而成。——作者注

球"理念并不是盲目乐观,而是在保持良好心态的前提下去完成训练和比赛。他回忆说,韩日世界杯亚洲区预选赛中,中国队的大部分进球是通过定位球打进的,那就是在训练中反复演练的结果。他还现场举例,召集到场的小朋友一同登场练习,并解释说,目标不会轻易完成,带着"快乐"上场,才能日复一日地向目标前进,收获成功。

米卢强调的"快乐足球",不是随便说说,也不是向球员画饼、只提个响亮的口号,更不是给球迷灌心灵鸡汤,实际上他有一套有效的训练体系。一位资深足球评论员曾表示,米卢能带中国队杀进世界杯不是偶然的,他找准了中国队问题的症结,还有让球员踢球时快乐起来的方法,让球员快乐起来的抓手,让中国队发挥出了应有的水平。

在米卢眼里,足球是一种22个人玩的游戏。既然是游戏,球员就应该快乐地参与进来。在训练场上,他尽量将训练转化为游戏,让队员感觉到游戏的乐趣。他会经常与球员比赛"网式足球""足球高尔夫",还让其他教练、翻译等工作人员都参与其中,因为在他看来,快乐是没有界限的,大家一起运动一起快乐,这样队员们的凝聚力也会变得更强。

不公开批评球员,并不代表米卢只当老好人,其实他有一套自己的办法,可以让一些明星球员服服帖帖,也能将场上球员的身体素质、精神/心理状态和战术水平等调整到最好。不公开主力阵容,并不表示米卢心中没有主力阵容。在他看来,一旦公开主力阵容，必然降低替补球员的积极性。他表示："我们队没有替补队员，但我们有26个球员，每个球员都应有这样的思想，上场的只有11个人，替补席上可以坐7个人，而不能说谁是主力谁是替补，每个人都是国家队的一分子。"

在大赛期间，他甚至允许球员家属与球员短暂团聚，这是以往教练员和管理层想做而不敢做的事。他这么做的底层逻辑是，球员也是有血有肉的人，他们也为人夫、为人父，没有什么可以代替家庭成员之间的天伦之乐。人性化管理是米卢对待球员的出发点，也是他获得成功的关键。

其实，"快乐足球"的理念不仅可以用在足球训练中，在其他体育项目中乃至职场中也同样适用。

不少人一聊到工作就愁容满面，想到的只有"干不完的活，做不完的事"。但"股神"巴菲特谈到工作时，却是满脸的幸福："我有60年都是跳着踢踏舞去工作的，就是因为我做我喜欢做的，我感觉非常幸运。"

● 理论逻辑

蓝斯登定律认为，给员工快乐的工作环境是对其最好的激励。

有很多管理者在职场中总是表现得比较严肃，在下属面前喜欢板着脸，他们觉得这样才能赢得下属的尊重，树立起自己的权威。其实，他们走入了管理的误区：板起面孔非但不能真正成为权威，还可能影响员工效率的提升和创意的发挥。所以，管理者如果能放下尊长意识，去做下属的朋友，给员工创造快乐的工作环境，员工也会以高效工作作为回报。

有调查结果表明，企业内部工作效率最高的人，不是薪资最丰厚的人，而是工作时心情舒畅的人。愉快的工作环境会使人心旷神怡，因而会工作得特别积极。不愉快的工作环境只会使人内心抵触，从而严重影响效率。

英国牛津大学赛义德商学院与英国电信集团合作进行的研究发现，幸福感与生产力之间存在着决定性关联：当员工感到快乐时，其生产力会提高13%。负责这项研究的德内韦教授说："我们发现，当员工感到快乐时，他们每小时可以打更多电话，更重要的是，会有更多电话实现销售转化。"

• 启智增慧

不论环境如何变化，这个规律亘古不变：快乐是提升生产力最直接、最有效的方法。一个人工作越快乐，越能品味美好，获得机会垂青，完成目标绩效。正如德国哲学家阿尔贝特·魏策尔（也译为阿尔贝特·施韦泽）所指出的，"成功并非通往幸福的钥匙，幸福是打开成功之门的钥匙"。

快乐工作是一种能力，它无关薪酬高低，无关结果输赢，无关成就大小。重要的是，这种能力是可以被培养出来的。欧美管理学家经过对人类行为和组织管理的研究，从管理者的角度，提出了以下快乐工作的四个原则。

一是远离官僚主义，允许员工大胆表现。公司或机构应设计出激发异见的制度，允许团队成员畅所欲言，表达看法，为他们施展才能提供广阔的舞台。

二是培养自发的快乐。公司或机构尽量不要提倡加班，别让密集的时间表扼杀员工的快乐，别让过重的压力剥夺员工的休息。要给员工适度自由，给他们快乐呼吸、蓬勃生长、自由发挥的空间。

三是信任员工。信任是给员工最好的福利，由此激发的能量是巨大的。当上下级之间建立起了一种彼此信任的关系，管理者不需要付出过多的时间和精力，每一个参与者也都会有更大的自由。这时，不管领导在不在，大家都会自觉工作。

四是重视快乐方式的多样化。窗明几净的环境能够使员工保持良好的心情；富有人性关怀的工作流程可以使员工感受到企业管理者的温暖；丰富多彩的业余活动能使员工在快乐中获得归属感；完善的培训体系能够让员工持续学习充电，感受成长的快乐。

在过分指导和严格监管的地方，依靠毫无自由的工具人，别指望有奇迹发生，别希望可以侥幸产出巧夺天工的极品，因为人的能力，唯有在自由宁静、内心充满幸福感的时候，才能发挥到最佳水平。

员工自由全面发展，是管理的最高境界

● 案例故事

"金字塔的建造者绝不会是一群奴隶，而是一批欢快的自由人。"相传1560年，瑞士钟表匠布克在游览金字塔时，出人意料地发表了这个石破天惊的观点。这个观点被当时的所有人嗤之以鼻，在很长的一段时间内也被当作一个笑料。因为一直以来，大家都认为金字塔是掌权者拿着鞭子，赶着几十万的奴隶，没日没夜地干了几十年才建造出来的法老墓地。

然而，随着近年来考古人员对金字塔附近埋葬劳工的墓地和劳工生活区的研究，他们发现，金字塔是由当地具有自由身份的农民和手工业者建造的。这个结果证实了布克不是信口开河。

在没有考古发掘、没有文献辅助的情况下，一个小小钟表匠，为什么一眼就能洞穿金字塔是自由人建造的？

相传，布克曾因反对罗马教廷的刻板教规而被捕入狱。由于他是一位钟表制作大师，被囚禁期间，他被安排制作钟表。在那个没有自由的地方，布克发现自己无论如何都不能制作出日误差低于1/10秒的钟表，而在入狱之前，在自家的作坊里，布克甚至能轻松制作出日误差低于1/100秒的钟表。

为什么会出现这种情况？起先，布克以为是制作钟表的环境太差。后来他越狱逃跑，恢复了自由的生活，却过着比在监狱更糟糕的日子。但是他制作钟表的水准，居然奇迹般恢复了。此时，布克才明白，真正影响钟表制作准确度的不是环境，而是制作钟表时的心情。布克认为：一个钟表匠在不满和愤懑中，要想完美地完成制作钟表的1200多道工序，是不可能的；在对抗和憎恨中，要精确地磨锉出一块钟表所需要的254个零件，更是比登天还难。

正因为有这样的经历，布克才提出了这样的推断：金字塔这么浩大的工程，被建造得那么精细，各个环节被衔接得那么天衣无缝，建造者必定是一批怀有虔诚之心的自由人。如果是一群有懈怠行为和对抗思想的奴隶，绝不可能让金字塔的巨石之间连一片小小的刀片都插不进去。

一些瑞士钟表企业到现在仍然保持着布克的制表理念：不与那些强制工人工作或克扣工人工资的外国企业联合。他们认为那样的企业永远也造不出瑞士表。

当下，整个社会正在进入"量子管理"时代，每个员工都是一个量子,具有不可估量的潜能和创新发展的可能性。在这样的时代背景下,很多企业强调要去中心化,尊重个体的力量,"人人都是CEO",让员工主动参与企业经营决策。对比之下,过度控制更像是倒行逆施,不仅不能实现奖勤罚懒的正向效果,还可能适得其反,导致"劣币驱逐良币"。

有这样一家公司,老板控制欲很强,对全员实行无差别打卡管理,明确规定上下班必须打卡,否则将按旷工处理,迟到一分钟,罚款200元。不仅在办公室上班要打卡,员工外出办事也要打卡,而且公司给每个员工配备了GPS定位仪,要求定期打卡报告个人行踪。这样做的初心是防止员工偷奸耍滑,结果却让人大跌眼镜。

"摸鱼"的员工很快便找到了其中的漏洞:先上班签到打卡,然后继续浑水摸鱼,晚上吃饱喝足后再回单位打卡。虽然活没干,不产生任何收入,但从打卡记录看,这些员工却是早出晚归,敬业勤勉,完全符合模范员工的标准。甚至有一个员工将个人的公司设在隔壁,每天上班打完卡后,直接到自己的公司里做小生意……

可是,一些真正出去跑业务的员工却苦不堪言,他们每天必须去公司打卡,还要定期汇报行踪。更让人哭笑不得的是,他们在与客户谈业务时,还被要求留存资料,以"有图有真相"地证明"到此一游",这也让有些客户感到莫名其妙,颇为反感。

● 理论逻辑

马克思认为，自由是创造的前提。人只有意志自由，能够自由地思考，才会有丰富的想象力和旺盛的生命力，才能激发出灵感。个体发展的最高境界是自由全面的发展。

心理学家卡尔·罗杰斯有个观点：心理的安全和自由是促进创造力发展的两个必要条件。在安全的氛围中，人们能够自由地表达自己的想法、感受和观点，而不必担心被批评或受到惩罚。这种环境可以激发人们的创造力和创新思维，因为他们感到自己是被接受和支持的。相反，如果环境中充满了威胁和不安全因素，那么人们就会变得保守和谨慎。

● 启智增慧

一谈到管理，有些管理者首先想到的就是控制。"执行，没有任何借口。"他们强调"我的地盘我做主，我说了算"，通过明确的命令和严格的监督，让员工听话照办。这其实是无知的表现，不自信的外露。

"控制"作为管理的五大职能[1]之一，是管理的一种手段，主要是通过对组织的各个环节进行监控和调节来达成预期目标。

---

[1] 计划、组织、指挥、协调和控制。——作者注

"控制"的基本原则是在规定的范围内保持稳定，防止过度干预和管理失控，关键是在尊重员工个性与强调组织纪律性之间找到平衡。如果管理者过分关注控制权和目标，对员工的关注和服务不够，就可能会适得其反，尤其是在当下这个知识经济时代，对一些需要创造性的工作来说，更是如此。

管理历来讲求恩威并重，比威严更重要的是恩泽，比控制更重要的是感化。控制可以管住人的双手，却得不了人心；威严能带来服从，却赢不来忠诚。在充斥着赤裸裸的剥削关系的奴隶社会中，奴隶会通过消极怠工、逃亡、破坏生产工具、杀死个别穷凶极恶的奴隶主等方式来表达反抗。在提倡"以人为本"的现代职场中，一个被严格控制的员工，往往会在控制的边界之外，通过浑水摸鱼、精神离职，甚至损坏公司财物等方式来发泄不满。

彼得·德鲁克曾说：管理不是控制，而是释放。进入21世纪以后，管理的本质正在发生微妙的变化，从控制转向协作，从权威转向影响。如果你想更加得心应手、省时省力地进行管理工作，就不能依靠行政命令，让员工不敢越雷池半步，而应该顺应人性，大胆"放权"，激发员工的积极性、主动性和创造性，引导他们像CEO一样去思考。

谷歌有一个著名的"20%规则"，即员工每周有一天的时间可以去做非官方立项的项目，大开脑洞、放手尝试，这为谷歌成功孵化了许多"计划之外"的产品，比如全球月活跃用户超过10亿的谷歌地图、E-mail服务界"霸主"Gmail、与Chrome浏览器完美契合的新闻搜索Google News、受欢迎的流量变现工具AdSense……这些都是谷歌员工利用这20%的时间开发出来的工作、居家、旅行的优秀产品。谷歌也因此成为全世界最有创造力的公司之一。

在《道德经》中，老子把管理分成四个境界，分别是"太上，不知有之；其次，亲而誉之；其次，畏之；其次，侮之。"管理的最高境界是"太上，不知有之"，一切平稳有序，让管理变得多余，让管理者不被需要，恰如警察的理想是"天下无贼"、医生的理想是"天下无患者"一样。

适度管理，是激发组织活力的关键

● 案例故事

管理是团队管理者面临的永恒话题。不论是调研、考察，还是培训，管理者都少不了强调管理问题。管理者强化管理、加快发展的想法固然是好的，但有时实际效果却很差，甚至会适得其反。伴随着管理者海量的调研、考察和培训，企业内部制度日益增多，管理措施也变得更加细致，员工的绩效要求也不断提高，但与此同时，企业的创新活力却越来越低，管理模式越来越僵化，员工的自主空间越来越小。

有一篇题为《公司最大的内卷，是"过度管理"》的文章讲到了这样一个故事。

M君是笔者读EMBA时的同学，不久前他正式从父亲手里接管了家里的公司。从那时起，他就开始对自家公司进行大刀阔斧的改革：从企业文化的建设，到审批流程的调整，再到考核机制的完善。但改革后，公司状况每况愈下：员工怨声载道、消极怠工，内部组织混乱，人才流失严重，这些都和M君的管理有着直接的关系。

在上个月的EMBA同学聚会上，笔者听说M君的管理权被他的父亲收回去了。大家讨论了M君的问题所在，一个与他关系密切的朋友用四个字概括了他的问题——过度管理。M君总觉得公司的很多事情不够完善，不符合他在EMBA课堂上所学到的规则和原理，因此他总是亲力亲为地进行整改。结果，他不断地调整，最终导致原本运行良好的公司变得四分五裂，问题频出，差点倒闭。

这篇文章还讲了一个十分有趣的故事。

有一家公司为了提高员工工作效率，对员工的如厕时间做了具体规定，还专门引进了一套特殊设备，使卫生间的门有了计时功能——从人进去关上门的那一刻开始计时。5分钟后门会自动打开，人不出来，门就一直开着，还会不停发出提示声。有不少员工觉得这样做太过分，太不尊重人。老板却说，规定5分钟如厕时间是为大家好，他专门找专家咨询过，专家说如厕时间控制在5分钟之内最佳，时间长了对健康不利。

这让我想起了前几年很火，也很发人深省的一篇文章，题目为《读完总裁班，公司终于垮了》。作者是郎不平先生，文章提到一些企业主利用周末时间参加各种总裁班，然而，他们发现，采用从总裁班学到的知识不仅没有带来预期的收益，反而加速甚至直接导致了公司的衰败。为什么大家学了这么多先进的战略规划、模式构建、企业管理、市场营销、团队建设等知识，甚至在诸如海底捞、阿里巴巴等优秀企业实地观摩过，回到自己的公司却依然经营失败呢？

道理其实很简单。在课堂上老师所讲的往往是大型企业（很多是全球性公司）的运营策略，并且案例通常有特定时代背景。而参加总裁班的学员，大多数是小微企业的老板。将大型企业过时的运营策略套在小微企业上，一定会有问题。

客观来看，管理离不开控制。一方面，控制可以保障组织的正常运转，避免组织陷入失控的风险。但是，另一方面，控制过度又会成为创新的阻碍，尤其是在外部环境发生巨大变化的今天。很多时候，我们不得不承认一个现实——比没有管理更可怕的是过度管理。"让员工像机器人一样听话"的管理方式实际上对员工和企业的发展有着极大伤害。

• 理论逻辑

《论语·先进》中有这样的一段对话。子贡问："师与商也孰贤？"子曰："师也过，商也不及。"曰："然则师愈与？"子曰："过犹不及。"

过度管理通常表现为对员工和团队进行过多的控制与干预，在这种理念的引导下，管理者往往喜欢亲自处理每一件事。他们往往不相信员工能够独立完成任务，认为如果没有自己的直接指挥，工作就无法达到预期效果。这种管理方式不仅压制了员工的潜能，还可能导致员工工作效率的降低和士气的不振。

管理是一门艺术，而非一门精确的科学，并没有统一的标准答案。它要求管理者能够灵活把握管理的"度"。许多管理者往往容易陷入过度管理的陷阱，即要求员工听从命令，严格按照既定的标准流程执行任务。这种单一的管理方式会将原本简洁的流程变得烦琐，并且往往表现得非常教条，缺乏灵活性。

• 启智增慧

适度管理强调的是在恰当的时间，通过合适的方式，针对特定的群体，运用适宜的管理工具，使企业运营维持在最佳状态。

判断一个企业是否实现了适度管理的关键指标是其管理水平是否与经营水平相匹配。对于企业而言，发展是其首要任务，而管理是服务于经营的工具和手段。缺乏经营，一切管理都失去了意义。因此，管理者必须清晰地认识到两者之间的主次关系，不能本末倒置。一旦管理的地位超越经营，就会导致流程烦琐，企业效益下降。这样的管理方式甚至可能引发激烈的冲突，这也是许多企业缺乏活力甚至亏损倒闭的主要原因之一。

为了实现适度管理，确保管理水平与经营水平相协调，管理者必须以经营思维为主导。管理的核心工作应服务于发展，而不是对具体的经营行为、时间或负责人指手画脚。任正非曾多次强调："我们要避免管理者的孤芳自赏，自我膨胀，管理之神要向经营之神迈进，经营之神的价值观就是以客户为中心，管理的目的就是多产'粮食'。"

在《道德经》中，老子把管理分成四个境界，分别是"太上，不知有之；其次，亲而誉之；其次，畏之；其次，侮之。"管理的最高境界是"太上，不知有之"，一切平稳有序，让管理变得多余，让管理者不被需要，恰如警察的理想是"天下无贼"、医生的理想是"天下无患者"一样。

曾经有人问任正非："您怎么一天到晚'游手好闲'？"任正非回答："我是管长江的堤坝的，长江不发洪水就没有我的事，长江发洪水不太大也没有我的事啊。我们都不愿意有大洪水，但即使发了大洪水，我们早就有了预防大洪水的方案，也没有我的事。"

阿甘出身低微，智力有缺陷，但他始终不放弃对精神、身体、心智、关系、情绪等维度幸福的追求，最后通过个人奋斗，获得了很多人无法企及的成就，逐渐实现了自己的人生价值。

阿甘的人生启示录：如何从平凡到非凡

• 案例故事

提到经典励志电影，《阿甘正传》绝对榜上有名。这部电影讲述了患先天智力障碍的小镇男孩福里斯特·甘（以下简称"阿甘"）自强不息，在多个领域创造了诸多奇迹的故事。

下面我结合泰勒-本-沙哈尔教授的"SPIRE幸福模型"，从精神幸福、身体幸福、心智幸福、关系幸福、情绪幸福五个维度，来分析一下身体残疾、智力低下的阿甘是如何过上幸福生活的。

1.精神幸福：将一手烂牌打出了"王炸"，逐步实现了自己的人生价值

影片的开始和结束都有一根轻盈洁白的羽毛随风飘扬，渐渐地滑落在阿甘的脚边。这个简单的场景其实隐喻了阿甘的一生：在人生的每个阶段，他都过得简单纯粹，没有任何杂念，像羽毛一样纯洁而美好，活出了人生的意义。

阿甘是一个在单亲家庭中长大的小镇男孩，智商只有75，并且患有腿部残疾。由于身体和智力上的缺陷，很少有人真心待他，镇上同龄的小孩甚至欺负他、戏弄他。但他并没有因此放弃追求幸福的权利，而是以惊人的毅力和坚强的意志活出了一路"开挂"的人生：从要靠金属支架走路的残疾人到飞奔如风的橄榄球明星，从籍籍无名的毛头小子到闻名全国的战场英雄，从零基础起步的乒乓球新人到乒乓球外交大使，从一无所有的普通人到赫赫有名的企业家。

2.身体幸福：在奔跑中打造个人IP[1]，在自律中保持良好习惯

叔本华曾说："健康的乞丐比有病的国王更幸福。"身体是革命的本钱，健康的身体是幸福的前提，也是一切成功的保障。对身体残疾的阿甘来说，有一点是幸运的，那就是他拥有一个健康的

---

[1] 个人IP指个人独特的形象、风格等。——作者注

体魄。这主要得益于他永不止步的奔跑和洁身自好的生活习惯。

影片中，奔跑不仅是阿甘的一个标志性特质，也是整个故事的核心线索。在阿甘的一生中，他大部分时间都在奔跑。通过奔跑，他摆脱了困境，找回了自信，并演绎出了生命的精彩。上学时遭到同伴欺负，步履蹒跚的阿甘通过拼命奔跑，甩掉了追赶他的孩子们，并奇迹般地获得了快速奔跑的能力；对橄榄球一无所知的阿甘，意外地跑进了一所学校的橄榄球场，被一名教练发现并培养成了橄榄球巨星；在战场上，阿甘在枪林弹雨中不顾个人安危，奔跑着将受伤的战友一一背到安全区，因此赢得了荣誉和尊敬。

同时阿甘是一个极度自律的人，他始终洁身自好，从不放纵。即使成为亿万富翁之后，他仍然保持着纯真之心，坚持为邻居免费修剪草坪，一刻也不愿意闲下来。与他形成鲜明对比的是他的朋友们：珍妮曾经放任自我，不断更换男友，最终沦为歌女，并深陷毒瘾；丹中尉在一段时间内沮丧、易怒，整日借酒消愁，频繁出入娱乐场所。在阿甘的影响和帮助下，他们两人最终选择了重新开始，走向重生。

3. 心智幸福：专注当下，全神贯注地做好手头的事

阿甘的母亲有一句经典台词："生活就像一盒巧克力，你永远不知道下一颗是什么味道。"阿甘一路走来，经历了很多稀奇古怪的事，但他从不去想昨天为什么会有这么多事发生在他身上，也不去想明天会发生什么。

面对未来的不确定，他从不三心二意，也不去在意这一切到底有没有价值，他只是专注当下，把今天活好。打橄榄球时，他虽不懂任何投球技巧，但只要一拿到球，他便会心无旁骛往前跑，硬是跑出了让人望尘莫及的成绩；练习打乒乓球时，他记住教练的一句话——"永远不要让目光离开球"，一步步从乒乓球"小白"练成了专业选手，还代表国家参加了比赛。

只有专注，才能做到极致。凭借着让人叹服的专注力，阿甘取得了事业上的一次次成功，实现了人生中一个个突破。

电影中有一个令人难忘的细节：在一次部队的拆装机枪训练中，当其他士兵还在窃窃私语时，阿甘已经默默地并且迅速地完成了任务——还打破了军队的纪录，让教官惊讶不已。教官好奇地问阿甘："阿甘，你怎么装得这么快？"阿甘认真地回答说："我只是按照您说的做了，长官。"教官由衷地赞叹："你真是太聪明了，这是我听过的最出色的回答……现在，你把它拆了再装一遍。"阿甘毫不犹豫地回答："好的，长官。"然后他又一次一丝不苟地拆装了起来。

4. 关系幸福：拿出自己的全部真心，因此收获了爱情和友谊

阿甘起初因为自身缺陷受尽冷眼。他第一次坐校车时，因为举止笨拙，除了珍妮没人愿意让他坐在身边；他第一次坐部队班车时，由于反应迟钝，除了布巴没人愿意挪动行李给他空出位

置。但是，面对这些冷遇，阿甘选择了宽容和理解，他真诚善良，不管和谁交往，都拿出自己全部的真心，也因此收获了爱情和友谊。

珍妮在阿甘的生命中扮演着极其重要的角色，最初两人是青梅竹马的玩伴，一起上学，一起玩耍，分享着快乐和亲密。然而，珍妮总想成为明星，多次选择离开阿甘。阿甘则对珍妮一往情深，即便后来成为亿万富翁，也不离不弃。

布巴是阿甘第一个真正的朋友，他们一起参军，一起上战场，相互依赖，相互照顾，建立了深厚的战友情。不幸的是，布巴在战争中受重伤牺牲，临终前他还念叨着退伍后与阿甘一起捕虾的梦想。阿甘流着泪答应了布巴的遗愿。为了兑现承诺，退伍后的阿甘毫不犹豫地前往布巴的家乡捕虾，并成立了以他们两人名字命名的布巴·甘捕虾公司，还将一半股份无偿赠给布巴的母亲，这一举动让布巴的母亲感动得几乎晕倒。

丹中尉是阿甘的第二个朋友，他们在军队中是上下级关系，战后逐渐成为无话不谈的好友。丹中尉有着强烈的英雄主义情结，他原本认为自己应该战死沙场，是阿甘的救援让他感到自己的人生失去了控制。起初，他并不感激阿甘的救命之恩，甚至对此感到愤怒。但后来，丹中尉成了阿甘商业上的得力伙伴，他们一起捕虾，将生意做得越来越大，并且有远见地投资了当时还处于起步阶段的苹果公司，从中获得了巨大财富。

5. 情绪幸福：保持积极乐观的态度，勇敢地面对未来

阿甘对生活充满了积极乐观的态度，不论是面对自己智力上的缺陷、身体上的残疾，还是事业上的挫折，抑或是母亲的离开、战友的离去、珍妮的出走，他都不气馁，永远怀着对未来美好生活的期许，坚定走好生命中的每一步。

阿甘刚开始捕虾的时候，收获寥寥，但他并没有放弃。一场突如其来的暴风雨改变了他的命运，它摧毁了其他的捕虾船，对整个捕虾业造成了毁灭性的打击，而阿甘的船只却奇迹般成为唯一的幸存者。从那时起，阿甘与同伴捕虾变得轻而易举，他们每天都能捕获大量的虾，还陆续购买了更多的捕虾船来扩大生产规模，成立了公司，并创建了一个远近闻名的捕虾品牌。

在所有的挑战中，珍妮的突然离开对阿甘的打击最为沉重。面对女友的不辞而别，阿甘选择了用奔跑来宣泄自己的情感。他不断地奔跑，直到抵达海边；他还跑过密西西比河，甚至四次横跨美国。他的这一壮举被媒体广泛报道，使他成为了家喻户晓的人物。人们猜测他这么做一定有特别的理由，记者们纷纷询问他的动机，而他的回答却简单直接："我只是想跑。"在奔跑的过程中，阿甘一直在思考，直到有一天他突然领悟到了奔跑的真谛："你得丢开以往的事，才能不断继续前进。"

• 理论逻辑

哈佛幸福课创始人、幸福研究学院联合创始人泰勒·本－沙哈尔教授通过多年的研究和教学经验，梳理了从诗人到哲学家、从神学家到科学家、从经济学家到心理学家的诸多洞见，提炼出可以让人们更幸福的五个核心要素，它们共同构成SPIRE幸福模型。

1. 精神幸福（Spiritual Wellbeing）

精神幸福是指找到意义和目标，能够精神饱满地工作和生活。

2. 身体幸福（Physical Wellbeing）

身体幸福是指通过运动、休息和恢复，让身体得到关照。身体能量是生命活动的根本，当你能够照顾好自己的身体时，身心都会得到滋养，因为身和心是彼此关联并相互影响的。

3. 心智幸福（Intellectual Wellbeing）

心智幸福是指在遭遇挑战和不确定性时，你依然能保持好奇，不断学习新事物。经常问问题、渴望新知的人不仅更快乐，而且更健康。

4. 关系幸福（Relational Wellbeing）

人是社会性动物，需要彼此联系，找到归属感。幸福与否的首要判断要素是人际关系。当然，与自己的关系同样重要。法国哲学家布莱兹·帕斯卡曾经说过："人类不快乐的唯一原因是他不知道如何安静地待在他的房间里。"

5. 情绪幸福（Emotional Wellbeing）

情绪幸福是指个体在情感状态上的健康和满足感，是心理健康和生活质量的关键指标。情绪幸福通常包含这几个方面：情绪平衡、自我接纳、情绪调节、人际关系、生活满意度和目标实现。

• 启智增慧

阿甘出身低微，智力有缺陷，但他始终不放弃对精神、身体、心智、关系、情绪等幸福的追求，最后通过个人奋斗，逐渐实现了自己的人生价值。

泰勒·本-沙哈尔教授的研究也证实了这个观点——影响一个人的幸福感的因素，50%与基因有关，10%与环境有关，剩下的40%是个人可控因素。每个人都可以通过努力行动，提升幸福水平。

幸福是可以选择的，获得幸福也是有方法的。环顾四周，我们不难发现，幸福的人是在精神、身体、心智、关系、情绪方面协同发展、吻合SPIRE幸福模型的人。这为我们追求幸福提供了一种可借鉴的路径，以及具有普适性的方法。

> "幸福的家庭都是相似的，不幸的家庭各有各的不幸。"
> 这是列夫·托尔斯泰在《安娜·卡列尼娜》开篇写下的第一句
> 话，也是书中最经典的一句。同样，幸福的人都是相似的，那
> 就是他们不约而同地践行了"一基五柱"的要求，逐步构建起
> 自己人生的幸福大厦。

《当幸福来敲门》：
用PERMA模型解析幸福之道

• 案例故事

《当幸福来敲门》是一部经典励志电影。影片讲述了男主
角在濒临破产、妻子离家出走等一系列打击下，始终怀着对美好
生活的向往，并以惊人的毅力和强大的信念勇敢而执着地追求梦
想，最终成为金融投资家的励志故事。

以下，我们将借助马丁·塞利格曼的PERMA模型（如下页
图所示），站在积极心理学的视角来分析一下片中男主角是如何
成功逆袭并过上幸福生活的，以及他的故事对我们的启示。

马丁·塞利格曼的PERMA模型

地基：充分认识自己的性格优势和美德，主动拥抱自己喜欢的工作

影片中，男主角最初是一名医疗器械推销员，但无奈赶上经济萧条，无论他多么努力地四处推销产品，但依然穷困潦倒。

一天，他路过一座摩天大厦时，遇到一个西装革履、开豪华跑车的男人。男主角主动走上去请教了他两个问题："您是做什么的？您是怎么做的？"通过第一个问题，他知道了这个人的职业是证券经纪人；通过第二个问题，他知道了对方光鲜亮丽的高薪工作并不需要高学历，只需要两个条件——对数字敏感、善于与人打交道。

正所谓"踏破铁鞋无觅处，得来全不费工夫"，这个职业仿佛专门为他量身定制的：他高中毕业，学历不高，但很擅长数学，对数字一向很敏感；同时，他沟通能力强，这些年积累了丰富的推销经验。他感觉自己可以胜任这份工作，并在一番努力尝试后如愿以偿。

男主角的职业转型看似充满了偶然，但实际上却有着必然的因素：他认识到了自己的性格优势，并找到了与之相匹配的职业。实际上，每个人都有自己的独特优势，一旦找到了与自己优势相契合的领域，成功往往会随之而来。

支柱1：永远保持积极的心态，全力以赴追逐心中的梦

男主角在影片中自始至终都保持着积极的心态，他坚韧、好学、勤奋、热情、积极向上，即便遭遇了妻子离开、居无定所、濒临破产等一系列打击，他始终坚信一切都会好起来，并一次次振作起来。

为了敲开人生的幸福之门，他永远在奋力奔跑，一直与命运抗争，不放弃任何一个希望。他白天努力打拼，在职场做各种尝试，积攒实战经验；晚上积极充电，看书学习，研究专业知识。

面试的前一天，由于未按时缴纳罚款他被拘留了一夜。第二天一早，他一路狂奔赶往面试地点，一身疲惫，衣服上还有粉刷墙壁时留下的污渍，狼狈不堪，与其他面试者的整洁从容形成鲜明对比。

他坦率地陈述了自己的遭遇，初步扭转了主考官对他的印象。当主考官进一步追问："如果有个人面试时穿着邋遢，而我偏偏聘用了他，你会怎么看？"这显然说的就是此时此刻狼狈

的他。

他幽默地回答道："那他的裤子一定很高档。"他虽然身处窘境，但仍幽默诙谐，这很好地诠释了一个勇于面对困难、积极向上的求职人的心态，逗得考官们哈哈大笑。最终，他赢得了实习的机会。

支柱2：投入热爱的事业，充分展现自己在职场中的竞争优势

通过不懈的努力，男主角终于成为了这家证券公司的实习生。然而，这仅仅是一个开始，接踵而至的是更大的挑战：在经济上毫无依靠的他，必须完成六个月的无薪实习，而且是否能留下来还是个未知数。

与此同时生活的重压也一刻不停地袭来。每天下午4点他必须赶公交车去接儿子，然后去教会收容所排队等待床位。因此，他必须在6小时内完成9小时的工作量。

但这一切都没有让他放弃，相反，他的真诚和勤奋，以及持续精进的业务水平，让他幸运地把握住了一个潜力巨大的客户——退休基金会执行总裁沃尔特·里本。与对方第一次见面时，由于临时帮主管挪车，他错过了预约时间。但他并未放弃，而是主动寻找机会，带着儿子去里本先生家拜访并道歉。里本先生邀请他们一起观看橄榄球比赛，这次拜访让他结识了许多重要客户。最终，大部分客户与他签订了合约，并帮助他获得了这份

珍贵的工作。

支柱3：培养良好的亲子关系，永远保持满格能量

电影中最令人动容的，无疑是男主角对儿子的爱。无论生活多么艰难，他始终守护着儿子的纯真。在儿子生日时，他会送给他喜欢的礼物，并告诉他："别让任何人告诉你，你做不到，连我也不能。"他鼓励儿子："如果你有梦想，就要去捍卫它。"即使为了生计不得不卖掉医疗器械，他也会慷慨地给儿子买零食。在忙碌的商务活动期间，他也会抽空带儿子去看足球比赛。

在这份不离不弃、相依为命的陪伴中，我们见证了父与子在困境中流露出的真挚情感。同时，他也从儿子身上获得了巨大的精神力量。

支柱4：发现人生的意义，永远热爱生活

罗曼·罗兰曾经写道："世界上只有一种英雄主义！便是注视世界的真面目——并且爱世界。"男主角浑身上下都散发着这种英雄主义：不管处境如何，都永远热爱生活。

电影中有一幕让人印象深刻。无家可归的父子二人坐在空荡荡的地铁站的座位上，相顾无言，气氛冷清。为了逗儿子开心，男主角说他带的这台医疗器械是时光机，于是一场冒险的"奇幻旅行"就此开始：他们穿越了时空，眼前出现恐龙，情境凶险，他们需要找一个山洞躲藏起来。可是，地铁站里哪来的山洞？他

们就躺进了公共厕所！

对孩子来说，有游戏就有快乐，有爱就有安全感。他好奇地问爸爸："我们安全了吗？"在儿子看来，这真的是一场十分有趣的游戏，他并没有感到丝毫困苦。

支柱5：成就商业传奇，从此过上财务自由的幸福生活

这部电影的主旨无疑是激励人心的：它展现了一个人在逆境中依然不放弃追求幸福和成功的决心，以及一个普通人从底层跃升的过程。男主角出身平凡，面对工作和生活的一次次打击，他从未放弃心中的梦想，始终坚持不懈地努力。最终，他克服了重重困难，成为了年薪百万的金融投资家，创造了一段商业传奇。

● 理论逻辑

"积极心理学之父"马丁·塞利格曼综合其研究发现和个人思考，提出了PERMA模型。他认为，幸福不是单一的、不可捉摸的，而是多元的、有科学配方的，它的核心框架由"一基五柱"构成。

自我性格优势和美德是积极的人格特质，它们会带来积极的感受和满足感。生命最大的成功在于建立并发挥个人的优势。

积极情绪（Positive Emotion）是指人们在生活中要有快乐感和满足感。人在开心、积极的时候，一定是愉悦的、幸福的。

投入（Engagement） 是指人们在忘我做事时的心流状态。人在沉浸、投入地做一件事情时往往更幸福。

人际关系（Relationships） 是指来自社会和家庭的支持性的积极关系。幸福的人总是愿意与人分享，而不是把自己封闭起来。

意义（Meaning） 是指追求某个超越自我的目标。人对愉悦的体验来自其对意义的分析。意义很重要，要善于发现一件事情的意义，哪怕它看起来很普通。

成就（Accomplishment） 是指卓越的表现和对环境的掌控力。幸福是有结果的，这些结果是能够看得见、摸得着、抓得住的。

"一基五柱"是一个辩证统一体，这五个元素相互独立，又相互影响、环环相扣，它们共同撑起幸福这座"大厦"。个人的性格优势和美德对每个元素都有影响，为"大厦"打造了坚实的地基。只有发挥自己的性格优势和美德，个人才能更容易在积极情绪、人际关系、投入、意义、成就等方面有所建树，幸福大厦才会更加牢固。

● 启智增慧

"幸福的家庭都是相似的，不幸的家庭各有各的不幸。"这是列夫·托尔斯泰在《安娜·卡列尼娜》开篇写下的第一句话，也是书中最经典的一句。在对幸福领导力的研究和探索中，我先后与几百位来自各行各业的人对谈，发现了这样一个共性现象：幸福的人都是相似的，那就是他们不约而同地践行了"一基五柱"的要求，逐步构建起自己人生的幸福大厦。

幸福大厦模型作为积极心理学的重要理论，具有广泛的适用性，能够帮助不同背景的人追求幸福，并为人们提供实用有效的工具。这个模型不仅适用于职场，还适用于家庭、学习和生活等各个领域。

近年来，我一直做幸福大厦模型的实践者和传播者，从中受益匪浅。我还与多位教授学者、企业管理者进行了深入交流，他们都一致认同"一基五柱"的框架体系。我们提出的幸福领导力模型也是以"一基五柱"为核心框架，本书的结构也是基于这一框架构建的。如今，市面上关于幸福的图书很多，提出的框架体系也各有不同，但从第一性原理来看，它们的底层逻辑绝大多数来自幸福大厦模型。

资深媒体人杨澜将自己多年的学习和思考凝结成书——《幸福力》[1]。在书中，她结合前沿的心理学知识和当下的很多社会现象，提出了"幸福力六边形"的核心框架体系，即悦纳自我、积极情绪、自我成就、全情投入、培育关系和找到意义。不难看出，"幸福力六边形"其实是以幸福大厦理论为底层逻辑的。

---

[1] 2023年9月，浙江文艺出版社，果麦文化出品。

"幸福力六边形"中的悦纳自我、积极情绪、自我成就、全情投入、培育关系和找到意义，分别对应幸福大厦中的性格优势与美德、积极情绪、成就、投入、人际关系、意义，两者表达的核心思想也是完全一致的。

自我性格优势与美德：筑牢幸福领导力大厦的地基

幸福领导力理论模型的主要内容可以概括为"一基五柱"，其中，"一基"是自我性格优势与美德，这是筑牢幸福领导力大厦的地基。只有发现自身优势并将其充分发挥出来，才能够筑牢积极情绪、投入、人际关系、意义、成就等五个支柱，从而活出心花怒放的人生。

一个人在事业上能否取得成就，关键是看其自身岗位与自我的性格优势和美德是否相契合。要找到这一契合点，我们可以参照MPS模式，在意义（Meaning）、快乐（Pleasure）和优势（Strengths）中找到三者之间的交集。

卡米耶的悲剧人生：
如何发掘出自己的性格优势

● 案例故事

电影《罗丹的情人》讲述了著名雕塑家罗丹的情人卡米耶·克洛代尔（以下简称"卡米耶"）纵然有不同于常人的雕塑家艺术天赋，却因爱而不得迷失自我，最后穷困潦倒，被送进精神病院直至死亡的悲剧故事。

多少年来，人们只知道卡米耶"罗丹的情人"的身份，却鲜少提及她的艺术作品；人们只将她与罗丹的风流韵事作为饭后谈资，却忽视了她杰出的艺术才华。卡米耶从小就天资卓越，才华出众，尤其在雕塑领域，她有着独特的天赋。

罗丹，比她年长二十余岁，当时已是声名显赫的艺术家，他的风流倜傥和成熟男性的魅力对卡米耶产生了不可抗拒的吸引力。对她来说，这位艺术家就像是致命的诱惑，让她陷入疯狂的爱恋之中。罗丹还是一位慧眼识珠的导师，他看到了卡米耶身上独特的才华。她的作品出自天然，深深打动了他，甚至让他嫉妒。他曾赞扬她："你非常聪明，你是用心雕刻。你很纯粹，就像一位穿着白色长袍的雕塑，我们很相似，尽管我年纪比你大，但我们的技艺是平等的。"

很快，这对年龄悬殊的师生陷入了无法自拔的爱河，成为了艺术界的"神雕侠侣"。卡米耶如同月亮，默默隐去自己的光辉，全身心地爱着如同太阳般耀眼的罗丹，心甘情愿地成为他的模特、情人和助手。不久，卡米耶怀孕了，她要求罗丹在另一个情人萝丝和她之间做出选择。遭到拒绝后，她下定决心结束了与罗丹长达十五年的情侣关系，并成立了自己的雕塑工作室，开始了孤独的创作之路。然而，她依然难以摆脱罗丹的阴影。公众怀疑她只是在模仿罗丹，甚至怀疑她的作品出自罗丹之手。骄傲的卡米耶无法忍受人们对她作品的嘲讽，她变得孤独而阴郁，心力交瘁，并患上了严重的妄想症。她的才情就这样逐渐被消磨，精神也变得脆弱而混乱。甚至愤怒时，她会站在罗丹家楼下大声谩骂，向来访的记者发泄，还将自己珍爱的作品"经典的脚"扔进塞纳河，用铁锤将自己的作品一一摧毁。

卡米耶最终被诊断为严重的精神分裂症，并被送入精神病院。这位才华横溢的女性艺术家被丢弃在艺术长河的角落，一步步走向毁灭的深渊，直到孤独地离去。

卡米耶的父亲是一位开明而有远见的长者，智慧而清醒的导师。在一个对女性雕塑家充满偏见的时代，他全力支持女儿对雕塑的热爱，积极为她寻找大师进行指导，希望将她培养成雕塑家。在看到女儿深陷爱河后，他告诫女儿不要迷失自我，必须拥有自己的作品，这是成功的唯一途径。

影片中，卡米耶父女之间有如下一段发人深省的对话。

父亲：卡米耶，自从你认识罗丹后，你就不干自己的活儿了。

卡米耶：罗丹把我的未来想得比我自己还要多。

父亲：你的未来属于自己，不要过多与罗丹抛头露面，别人会眼红的。记住，你不是罗丹的一部分，你是你的全部。你一定要有你自己的作品，而不是做他的作品，不要把自己淹没在男人的世界里。

从这段发人深省的对话中，我们可以感受到，这位父亲对女儿深沉的爱的背后，隐藏着对她甘愿成为男性附庸、未能充分发展自身潜力的无奈，以及对女儿迷失自我、浪费天赋的痛心。如果热恋中的卡米耶能够领悟父亲话语中的深远意义，及时摆脱情爱的束缚，她或许就能改写自己悲惨的命运，甚至有可能成为与罗丹比肩的杰出艺术家。

• 理论逻辑

马丁·塞利格曼曾提出幸福感源自个体的性格优势和美德，

强调通过个人的努力实现幸福才能带来真正的满足感。在他看来，优势和美德是积极的人格特质。他认为，人生的最大成就在于识别并发挥个人优势。

由塞利格曼和克里斯托弗·彼得森等设计的VIA（Values in Action，行动价值）工具提出了6种核心美德和相应的24种性格力量，这些性格力量旨在为培养青年的积极性格提供指导。

- ◆ **智慧和知识：**包括创造力、好奇心、热爱学习、思想开放（能够全面深入地思考问题，不急于下结论，保持公正，愿意根据事实调整自己的看法）和洞察力。
- ◆ **勇气：**涵盖诚实、勇敢、坚持和热情。
- ◆ **人道主义：**包括善良、爱和智慧。
- ◆ **公正：**包括正直、领导力和团队合作精神。
- ◆ **节制：**包括宽恕与怜悯、谦逊与虚心、审慎、自我调节（自律、控制欲望和情绪）。
- ◆ **卓越：**包括对美和优点的欣赏、感激、希望、幽默和虔诚。

● 启智增慧

有精神病学家曾指出，人生的目的是发现自己的天赋，人生的主线任务就是培养这份天赋。一个人在事业上能否取得成就，关键是看其自身岗位与自我的性格优势和美德是否相契合。要找

到这一契合点，我们可以参照MPS模式，在意义（Meaning）、
快乐（Pleasure）和优势（Strengths）中找到三者之间的
交集。

　　当一个人能够找到一件既有意义，又能带来快乐，并且能够
发挥自己优势的事情时，那么他就找到了能够最大化自我性格优
势和美德的工作。在这种情况下，他的职业发展将进入一个积极
的循环：进步快→积极性提高→能力得到培养→进步更快。这样
的循环将带来超越他人的成长和晋升速度。可是个人的性格优势
和美德并非容易发现的露天煤矿，它们往往隐藏得很深，需要通
过一个漫长的探索过程才能找到。

> 信任的重要性是不言而喻的，它是人际沟通的桥梁，是人与人之间合作的基础。有了信任，你才能说服别人与你合作、促成订单、达成生意。人无信不立，没有信任，一切都无从谈起。对管理者来说，信任更加重要。管理者打造良好的个人信誉，赢得追随者信任，是成就事业的基础和保障。

"自卖自夸"的陷阱：
信任是成就一切事业的基础

● 案例故事

有些公司会用"王婆卖瓜，自卖自夸"和"把梳子卖给和尚"这样的话来激励营销人员掌握营销技巧，想方设法地将产品推销出去。适度的自我宣传确实有助于提升品牌形象和促进销售，但夸大其词也许会适得其反。

相传林肯说过："最高明的骗子，可能在某个时刻欺骗所有人，也可能在所有的时刻欺骗某些人，但不可能在所有的时刻欺骗所有人。"

作为伯克希尔·哈撒韦公司的副主席，查理·芒格（也译为查利·芒格）做事的基本原则也是诚信和客户利益至上。他不仅没有利用自己的地位推销公司的主营保险业务，误导消费者购买不必要的保险，反而站在客户的立场上，提供真诚的建议，"自己能承担的风险，别买保险""有能力自保，还是自保好"，这非但没有影响公司的生意，反而赢得了客户的信任和尊重。

诚实正直是所有伟大企业家的共性。有一次，记者问任正非是否使用苹果手机，任正非很坦诚地回答道："我们家人现在还在用苹果手机，苹果的生态很好，家人出国我还送他们苹果电脑，不能狭隘地认为爱华为就爱华为手机。"

如果从简单的商业逻辑出发，你几乎无法想象这句话出自任正非之口。他这样说，等于间接承认了华为手机没有苹果手机好。但任正非的言论并没有让华为"掉粉"，一些网友在听到他这样实事求是的回答后，更加坚定地表示要当华为的忠诚客户。任正非的言行举止，让消费者看到了真正的企业家精神：诚实正直，尊重对手，正视差距。这样的企业家掌管的企业才值得信赖。

• 理论逻辑

库泽斯和波斯纳在他们的著作《领导力》中强调了信誉的重要性，二人认为它是领导力的基石。他们的研究涉及数千名企业和政府管理者。全球超过10万人接受了受人尊敬的领导者品质调查，调查表中的数据揭示了领导者应具备的关键品质。

　　尽管调查表中的所有品质都获得了一定程度的认可，表明每种品质对某些人来说都很重要，但多年来，有四种品质被超过50%的参与者选中（如下表所示），这些品质在不同国家都被排在最前面。这表明，尽管世界在过去几十年里发生了巨大变化，但人们认可的领导者最重要的品质是稳定的。

领导者品质调查表（部分）

品质	选择该种品质的被调查表的百分比/%					
	1987年	1995年	2002年	2007年	2014年	2017年
诚实正直 （Honest）	83	88	88	89	89	84
有胜任力 （Competent）	67	63	66	68	69	66
能激发人 （Inspiring）	58	68	65	69	69	66
有前瞻性 （Forward-looking）	62	75	71	71	71	62
聪明的 （Intelligent）	43	40	47	48	45	47
心胸宽广 （Broad-minded）	37	40	40	35	38	40
可靠的 （Dependable）	33	32	33	34	35	39
能支持别人 （Supportive）	32	41	35	35	35	37
公平的 （Fair-minded）	40	49	42	39	37	35
坦率的 （Straightforward）	34	33	34	36	32	32
合作的 （Cooperative）	25	28	28	25	27	31

品质	选择该种品质的被调查表的百分比/%					
	1987年	1995年	2002年	2007年	2014年	2017年
有雄心的（Ambitious）	21	13	17	16	21	28
关心别人（Caring）	26	23	20	22	21	23
果断的（Determined）	17	17	23	25	26	22
勇敢的（Courageous）	27	28	20	25	22	22
忠诚的（Loyal）	11	11	14	18	19	18
有想象力（Imaginative）	34	28	23	17	16	17
成熟的（Mature）	23	13	21	5	14	17
有自制力（Self-controlled）	13	5	8	10	11	10
独立的（Independent）	10	5	6	4	5	5

从上表可以看出，1987—2017年连续六次的数据均出奇一致地表明，超过80%的被调查者都希望他们的领导者诚实正直。

● 启智增慧

信任的重要性是不言而喻的，它是人际沟通的桥梁，是人与人之间合作的基础。有了信任，你才能说服别人与你合作、促成订单、达成生意。人无信不立，没有信任，一切都无从谈起。对管理者来说，信任更加重要。管理者打造良好的个人信誉，赢得追随者信任，是成就事业的基础和保障。

彼得·德鲁克深刻地指出，有发自内心的追随者是领导者的关键性标志，没有追随者就不能称其为领导者。没有了信任的领导者，不是在"领导"，而是一个人在散步。

人们是否愿意追随某个领导者取决于他们对领导者的信任程度。他们需要确信领导者是真诚的、有道德的、有原则的。在讨论受自己尊敬的领导者时，人们常常用"正直"和"真实"这样的词。当领导者被认为是正直的人的时候，他可以节省大量沟通的成本，更容易整合资源、达成目标，也会让个人信用进入一种良性循环，像滚雪球一样越滚越大。

在当今社会，人们为了争夺有限的优质资源，不得不投身于激烈的竞争中，这就导致个体付出的努力和所获得的收益增长不对等，即所谓的"收益努力比"下降。在这种情况下，摆脱"内卷"的关键在于建立自己的价值体系，不再受限于社会普遍认同的成功标准，提高独立思考的能力，把握自己的生活节奏，活出最好的自己。

挣脱"内卷"旋涡：成功不需要被定义

● 案例故事

一天晚上，我在小区门口散步，目睹了一个令人心惊的场景。一位外卖骑手骑着电动车，目光紧盯着手机导航，急速驶来，却未注意到一辆正在等待行人通过的汽车。随着一声巨响，骑手连人带车重重地撞上了汽车，翻滚倒地，并在地上滑出去两三米远。

汽车司机赶紧下车，将骑手扶起，把他扶到路边坐下。然后，他扶起倒地的电动车，将它推到路边安全的地方，并将自己的汽车停放在一旁。

这时，骑手摘下头盔——原来她是一位中年女性。她艰难地站起身，蹒跚地走向自己的电动车，首先检查了外卖箱，确认食物完好后松了一口气。

司机关切地询问她是否需要去医院检查，但骑手坚称自己没事。尽管如此，司机还是提醒她骑车时不要看手机，以免发生危险。骑手辩解说自己没有看手机，但最终她没有继续与司机争论。她知道，作为外卖骑手，时间就是金钱，外卖超时送达基本上就意味着罚款。

不难发现，如今的社会，外卖骑手仿佛在与时间赛跑，穿梭于城市的每一个角落。这种现象背后的原因，其实是外卖平台严格的算法机制。骑手们受到准时送达率这一关键绩效指标（Key Performance Indicator，KPI）的严格考核。如果未能按时送达，他们不仅会失去提成，还可能面临严重的处罚。平台算法会根据骑手的行走路线计算配送时间，而且这个时间往往被压缩到骑手能够达到的极限。更糟糕的是，这套算法会不断优化，进一步缩短了配送时间。即使经验丰富的骑手发现了捷径，系统也会监测到并调整配送时间。因此，骑手们为了多挣钱，只能不断提高速度，挑战自己的极限。那些不愿意冒险的骑手，往往会被这个高效的系统淘汰。

这一幕让我深刻感受到现代生活便利背后的代价，以及普通人的艰辛。其实"内卷"现象不仅存在于外卖骑手身上，它存在于各行各业。当我将这个外卖骑手的案例讲给一个朋友听时，他说，我们自己又何尝不是如此呢？每天有开不完的会，写不完的材料，干活的速度永远跟不上任务分配的速度。

朋友在一家大型公司的政策研究室工作，主要负责撰写领导讲话和会议文稿等重要材料。起初，五位同事各自负责自己的工作，大家和谐共处。然而，前段时间来了一位新领导，他带来了新的"办公室文化"。每次分配任务后，新领导总会不经意地提到某位同事如何在更短时间内高效完成了工作，并强调质量和速度的重要性。

这样的话无形中激发了同事们之间的竞争意识，大家开始不甘落后，纷纷比着加班加点，甚至为了一张PPT中的一句话，"精益求精"地熬夜工作，"996[1]""007[2]"的工作模式逐渐成为了常态。这种无形的"内卷"让每个人都陷入焦虑和紧张，身心俱疲。直到有一天，一位资深同事因为过度劳累导致身体严重不适，最终在工作岗位上病倒，差点危及生命。这一事件震惊了所有人，也打破了日益加剧的"内卷"节奏。

• 理论逻辑

"内卷"原本是一个学术名词。韦森教授指出，这个概念最初是由德国哲学家伊曼努尔·康德在其著作《判断力批判》中提

---

[1] "996"：是指一种"早上9点上班，晚上9点下班，每周工作6天"的工作时间制度。——作者注

[2] "007"：是指一种"0点上班，0点下班，24小时待命，一周持续7天，平均每周工作时间最少72小时"的工作时间制度。——作者注

出的，在学术文献中一般被称为"内卷化"。然而，真正使"内卷化"概念得到发展的是两位人类学家：亚历山大·戈登威泽（也译为亚历山大·戈登韦泽）和克利福德·格尔茨。

戈登威泽描述的"内卷化"是指一种文化模式在达到某种最终形态后，无法稳定或转变为新的形态，只能在内部变得更加复杂的现象。而格尔茨在研究印度尼西亚农业时，发现由于资本短缺、土地有限和行政性障碍等因素，农业无法向外扩展，导致劳动力不断投入有限的水稻生产中，使得农业内部变得更加精细和复杂，形成了"没有发展的增长"，这就是他所说的"农业内卷化"。

随着时间的推移，"内卷"这个词逐渐演变成网络流行语。人类学家项飙在《澎湃新闻》的访谈中指出，"内卷"的本质是高度一体化，体现在"目标上的高度单一，价值评价体系的高度单一"，这导致了竞争方式和奖惩方式的高度单一。在这种环境中，追求成功的路径变得极为狭窄，仿佛只有一条路可走，那就是奔向单一目标，别无他途。

● 启智增慧

在当今社会，人们为了争夺有限的优质资源，不得不投身于激烈的竞争中，这就导致个体付出的努力和所获得的收益增长不对等，即所谓的"收益努力比"下降。在这种情况下，摆脱"内卷"的关键在于建立自己的价值体系，不再受限于社会普遍认同的成功标准，提高独立思考的能力，把握自己的生活节奏，活出最好的自己。

俞敏洪在一次演讲时谈到，他在北京大学（简称"北大"）读大一、大二时就特别"卷"，热衷于跟同学比成绩。他觉得自己作为一个农村孩子，没有其他优势，唯一能做到的就是把成绩搞好，这样才能让同学们看得起自己。但没想到的是，北大的同学都太聪明了，不论他怎么努力，排名都没有明显进步，还因此得了肺结核，把身体搞垮了。

在疗养院接受治疗的一年时间里，俞敏洪看了很多书，终于想明白了：他再也不跟同学比成绩了。他意识到，比学习成绩更重要的是拓宽知识面。不难想象，如果俞敏洪接着"卷"下去，那么大概率的结果是中国多了一个可有可无的"小镇做题家"，而少了一位成功的企业家。

对管理者而言，要摆脱"内卷"，前提是要明白自己究竟需要什么，怎样才能真正提升效率，以及看清时代的发展趋势。我们应该避免无谓的"内卷"，简单地比较谁更努力、谁的加班时间更长，而是鼓励员工根据自己的优势和兴趣发展，优化资源配置。

一次，我听联邦快递高级副总裁、中国区总裁陈嘉良先生讲了一个故事。

联邦快递在最初进行亚太转运中心选址时，曾初步考虑了三个备选城市——广州、深圳和东莞。这些城市的负责人听说这个消息后，也从招商引资角度出发，希望联邦快递可以将这一航空货运的枢纽放在自己的城市，并承诺给予优惠政策。

项目相关人员听说这个消息后非常高兴，向陈嘉良先生建议："咱们不急于决策，先坐山观虎斗，看他们谁给的政策最优惠，咱们最后就选择谁。反正咱们是甲方，主动权在咱们手中。"

陈嘉良先生当即否决了这个看似很好的提议："这三个城市都是我们重要的合作伙伴，没必要采取这种'不厚道'的决策方式。我们应先从联邦快递全球业务布局和自身发展规划出发，详细论证一下我们的最优选择城市、次优选择城市，排出一个优先顺序。然后，从最优选择开始逐一进行谈判，如果排在最前的城市可以满足我们，就没必要与后面的城市谈判了。"

联邦快递经过充分论证后，认为亚太转运中心最合适设在广州。广州方面的负责人也十分看好联邦快递这个项目，并拿出诚意欢迎这家全球快递巨头来穗发展。双方一拍即合，接下来的谈判异常顺利。最后，联邦快递亚太转运中心选择落户广州。"事实证明，这个决定既恰到好处地维护了与重要合作伙伴的关系，又很好地适应了联邦快递的战略布局和业务发展需求。"多年以后，陈先生复盘这件事时，仍然认为这个决策是近乎完美的。

我们常说，"走自己的路，让别人说去吧"，但真正能做到的人却寥寥无几。实际上活出自我，成为独一无二的自己，最主要的是懂得自己真正想要的是什么，而只有具有丰富的人生经历我们才能找到答案。

《走出非洲》：活出自我，才是真正的成功

● 案例故事

电影《走出非洲》根据丹麦作家卡伦·布利克森（也译为卡伦·布里克森或凯伦·布里克森）同名小说改编，讲述了凯伦为了得到一个男爵夫人的称号而远嫁肯尼亚，先后经历了婚姻破裂、创业梦碎、爱人离世三次身心创伤，变得一无所有的故事。用世俗的眼光看，她似乎成了彻头彻尾的失败者，然而，通过这些刻骨铭心的经历，她变得勇敢坚强、善良博爱、沉着冷静、内心丰盈，真正活出了自己的模样，成为了独一无二的自己。

1. 婚姻破裂

影片一开始，女主角凯伦原本是一个爱慕虚荣、漂亮任性的富家女，她渴望得到一个男爵夫人的头衔，想赶紧把自己嫁出

去。为了当时那个年代最时尚的身份，她哪怕是去天涯海角，哪怕对方并不富有，哪怕双方没有爱，她都义无反顾、在所不惜地要把自己嫁出去。

凯伦在丹麦认识了一对贵族兄弟，哥哥汉斯成为了她的情人，弟弟波尔成为了她的朋友。当她发现汉斯并不爱她，只是戏弄她时，凯伦对波尔说："你可以娶我，为了钱。我没有人生目标，也没有一技之长，又嫁不出去，而你的钱已经花光了。我们应该会成功，就算不成，至少我们试过了。"

就这样，28岁的凯伦远走他乡，嫁给了瑞典男爵波尔·布里克森。她带着丰厚的嫁妆，来到了非洲，期待开启全新的生活。婚礼还没有举行，她就忍不住向路人炫耀，"我是布里克森男爵夫人"。

然而，他们根本就不是一路人。波尔是个游手好闲的纨绔子弟，既不珍惜她，也不尊重她。在婚礼上，他就对她很冷落，甚至连结婚戒指也没有准备，还和别的女人调情。新婚之夜后的第二天早上，他就不辞而别，外出打猎玩乐，而且给管家留话说，要等到下雨前才回来——要知道，这可是常年干旱的非洲呀！他们的婚姻注定只是一场身份与金钱的交易。这段以交易为主题的婚姻最终以离婚收场，留下一地鸡毛。

2. 创业梦碎

诗人鲁米曾写道："伤口是阳光照进来的地方。"凯伦在遭遇婚姻破裂之后，照进伤口的第一缕光就是她的创业梦。她全身心投入自己的农场，认真种植咖啡豆，事业如火如荼，摇身变成了经济独立的女性企业家。她和当地原住民一起辛勤劳作，全然忘记了自己是不事生产的富家小姐、高人一等的男爵夫人。她逐渐喜欢上了非洲的一切，爱上当地的人们和自己的生活。她心甘情愿地为当地原住民做一些力所能及的事，替他们看病，为他们提供就业机会，还说服酋长开办学校，她的真心换来了这些人对她的爱。

"天有不测风云，人有旦夕祸福。"就在一切变得越来越好时，一场意外的大火将她苦心经营的农场烧为灰烬，一切化为乌有。她没有歇斯底里，而是平静地望着熊熊燃烧的火焰，摸着身边小男孩的头，淡淡地说了一句："男爵夫人破产了，一切都结束了。"

破产的凯伦没有自此沉沦，也没有寻求自保，而是四处奔走，为当地原住民争取土地和家园，确保他们不致流离失所，甚至向总督下跪求情。这一刻，我们从她身上看到了悲天悯人的人性光芒，她的行为震撼了在场的所有人，打动了总督夫人。

3. 爱人离世

离婚后的凯伦独自掌管偌大的农场，慢慢地适应了非洲的生活，也交到了三两好友，其中一位就是影响了她一生的人——丹尼斯，一个"英俊得令人难以置信"的20世纪非洲猎人及飞行探险先驱。他是率性豁达的年轻贵族，十分热爱非洲这片热土，喜欢在草原上徜徉或驻足，骨子里流淌着热爱自由、追求冒险、品味高雅的血液。在影片中，凯伦用充满怀念的声音这样描述丹尼斯："他连打猎都要带着留声机，三把来复枪，一个月的补给，还有莫扎特。"

两人天造地设，性情相投。丹尼斯带着凯伦一起外出打猎，共同冒险，感受非洲大陆原始而自然的生命力。他们在星光下共舞，在露营地喝酒聊天，在午后的微风中小憩。潺潺流水般的故事从她嘴里娓娓道来，源源不断的灵感从他大脑里喷涌迸发。他们同频共振，视对方为灵魂知己，双双坠入了爱河。

情到深处时，凯伦希望可以与丹尼斯组建家庭，但丹尼斯是个随遇而安、视自由高于一切的人，他不愿意被婚姻束缚，"我不会因为一张纸，更亲近你或者更爱你"。当凯伦看出丹尼斯不愿为自己做出改变时，她知道，这样的关系不是她想要的，她坚定地将他拒之门外。即便这份爱情是这么绚烂热烈、深入骨髓，即便她内心深处在滴血，但她还是勇敢地拒绝了丹尼斯。离开凯伦后的丹尼斯，发现自己已经失去了"孤独的自由"的能力。这个自由洒脱的男人以前一直都是坚定自信的，从不在意别人的看法，但是，他的心在真爱面前变得柔软，他放不下她，愿意和她重返欧洲。

就在爱情的火花被再次点燃之时，噩耗传来，丹尼斯意外坠机而亡，从此他们天人永隔，凯伦再次受到沉重的打击。

婚姻失败，农场着火，痛失爱人，可以说，凯伦的遭遇放在任何人身上都足够悲惨。然而，她失去了金钱，没有了男爵夫人的身份，好像变得一无所有，又好像更加富有：她已悄然放下了曾经热衷的外在追求，拥有了能够平静面对命运无常的力量，而且还因自己的高尚人格赢得了人们的尊重。

影片中有一组对照鲜明、前后呼应的镜头。当初踏入非洲时，她带着满箱子的瓷器和水晶，装满了一火车的物品，喜欢强调"我的头衔、我的庄园、我的厨师"等，心里全是物质的欲望。现在，离开非洲时，她孑然一身，仅携带了自己的简易行李，却精神丰盈。

当初，凯伦有着男爵夫人的头衔，为了寻找自己的丈夫，一不小心误入了当地白人贵族组成的俱乐部，被工作人员赶了出来，理由是女人不能入内。现在，她变得一无所有，这家俱乐部却破例邀请她过去喝杯酒。当在场的所有人都向她举杯致敬、为她送行时，我从中读到了比身份更金贵的东西——尊重。后来，当地政府为纪念她，还专门修建了以其名字命名的故居博物馆。

• 理论逻辑

人会出生两次，一次是肉体的出生，另一次是活出的自我。活出自我，就是在实现自我真正觉醒的基础上，按照自己的意愿，去实现自己的人生价值。一个人只有在活出自我时，才真正开始了属于自己的生命。活出自我分为三个层次，分别对应王国维《人间词话》中的"人生三境界"。

1. 寻找自我——昨夜西风凋碧树，独上高楼，望尽天涯路

寻找自我找的是对人生观、世界观和价值观的思考和看法。当你找到自我之后，你就会义无反顾地走向它，并且内心变得坚定自信。

2. 塑造自我——衣带渐宽终不悔，为伊消得人憔悴

当你寻找到自我时，你只是大概清楚要往何处去，你还需要一个更关键的过程，那就是塑造自我。最艰难的时候就是塑造自我的最佳契机。

3. 成为自我——众里寻他千百度，蓦然回首，那人却在，灯火阑珊处

发展心理学家认为，人这一生的主要任务大概就是成为人。

• 启智增慧

记得上中学时，我所在班级的班主任曾在班内做过一次调查，让每个学生写出自己的座右铭。统计结果出人意料，又在情理之中。班里三分之二以上的同学写的是但丁的那句名言——走自己的路，让别人说去吧。

央视著名记者白岩松曾说："一个人的座右铭和想法，通

常体现着他对自己未曾拥有的东西的渴望。"这么高比例的同学，不约而同地将但丁的这句话作为座右铭，好些人还将其刻在桌子上，写在笔记本扉页里，时时提醒自己，但最后仍然难以做到，这也从侧面印证了"走自己的路，活出自我"，其实是很难的事。

1. 寻找自我，最主要的是懂得自己真正需要什么

在影片中，如果在开头问凯伦需要什么，她可能会列出一个长长的清单，比如，男爵夫人的头衔、农场、象牙、瓷器、婚姻、爱情等，数量之多，可以装满一火车。但是，到了结尾，如果再问凯伦需要什么，她会觉得男爵夫人不过是一个身份的符号，既给不了她可靠的婚姻，也带不来美好的爱情，反倒惹了一身病；农场、象牙、瓷器等这些物质和财富不过是身外之物，"在这里我们不是主人，我们只是过客"；没有任何束缚，看似完美的爱情，也不是她发自内心的需要，她顺从内心的声音，坚决地将其拒之门外。她真正需要的是，一段有爱情的婚姻，一个强大的自我，成为一个受人尊重敬仰的人。

2. 塑造自我，最关键的是经历之后的觉悟

不经历风雨，怎么见彩虹；不经历痛苦与磨难，就无法活出真正的自己。就像女主角凯伦，如果一直待在欧洲，过着养尊处优的富家小姐日子，她可能一生都过着随波逐流的生活，到死

也不会明白自己真正想要的是什么。人生中的每一段经历都不白费，那些面对逆境、大起大落的时刻，看似是生活中的磨难，其实是重新审视自我、让灵魂成长的最好机会。人往往在弯路中学习得更多，在坎坷中收获更大，在曲折中才能找到宁静致远的方法。就像凯伦在影片里那句经典的台词："生活非常不如意，我觉得撑不下去的时候，我让自己更难过，我开始回想我们的野外露营，还有巴克利，还有你第一次带我飞行，那些美好的回忆。要是我实在撑不下去了，我会再回想一件事情，然后我就有勇气可以继续下去。"

3. 成为自我，最核心的是听从内心的选择

世俗意义上的成功之路有很多条，但真正意义上的成功只有一种，那就是听从我心，忠于自己的选择，发挥自己的禀赋，用自己喜欢的方式去实现自定义的成功。

管理者不是孤胆英雄，其个人业绩不是最重要的，最重要的是要建立一种公平正义的机制，让团队中的每个人都可以发挥自己的性格优势和美德，实现人尽其才、才尽其用、用当其时，激发团队活力，以团队业绩体现自己的成绩。

管理的艺术：构建高效团队，激发团队潜能

● 案例故事

2023年4月23日，星巴克创始人霍华德·舒尔茨在与北京大学光华管理学院院长刘俏对谈时提到一个观点：在卓越的领导者需要具备的三个重要特质中，最不重要的恰恰是智商。

领导者不是天生的，是后天培养的。在座的每一个人，无论你来自哪里，你的出身或你的家庭怎样，每个人都有可能成为一名优秀、伟大的领导者。我认为卓越的领导者需要具备三个重要特质。

第一是智商（Intelligence Quotient，IQ）。我们不能仅仅参考教科书就成为一个伟大的领导者，还需要生活经验。虽然智力是条件之一，但它是三个特质中最不重要的一个。

第二是情商（Emotional Quotient，EQ）及情感亲密度。领

导者需要有良好的人际关系和沟通能力，这样才富有同情心和同理心，对周围的人保持敏感。

第三，在智商和情商之后，最重要的就是CQ（Curiosity Quotient），即好奇心的水平或好奇心的指数。

你的世界观应该更广博，而不是只盯着眼前。你必须在好奇心上挑战自己。让自己处于非舒适区，与不同的人在一起，拥抱多样性，融入世界——不是"我住在西雅图"，不是以西雅图为中心，也不是以美国为中心，而是"我们生活在一个全球化的社会中"。所以要尽可能保持好奇。如果你拥有这三点，即智商、情商和好奇心，我认为你就可以成为一个好领导、一位好的经理人和一个更全面的人。

与霍华德·舒尔茨的观点如出一辙的是著名学者施一公的观点。他曾在演讲中表达这样的观点：在人的成长道路上，很多人会说最重要的素质是智商。但其实不是，对于人的成长来讲，最不重要的是智商。

● 理论逻辑

"三商"包括智商、情商和逆商，它们共同影响并决定着人生。有专家断言，成功（100%）= 智商（20%）+ 情商和逆商（80%）。

1.智商

智商通常被称为智慧或智能，指的是人们认识客观事物并运用知识解决实际问题的能力。智商水平通常用智力测验分数来衡量，用以衡量智力发展水平。

2.情商

情商通常代表一个人的情绪能力。简单来说，情商是一个人管理自己情绪和影响他人情绪的能力。

3.逆商

逆商（Adversity Quotient，AQ）全称为逆境商数，也被称作挫折商或逆境商。它衡量的是个体在面对逆境时的反应方式，包括应对挫折、摆脱困境和克服困难的能力。

● 启智增慧

管理者不是孤胆英雄，其个人业绩不是最重要的，最重要的是要建立一种公平正义的机制，让团队中的每个人都可以发挥自己的性格优势和美德，实现人尽其才、才尽其用、用当其时，激发团队活力，以团队业绩体现自己的成绩。因此，评价一个管理者水平的关键在于其带队伍的能力，即团队成员的表现，而不是管理者本身的个人能力。

从古至今，有一种"无能而能"的现象十分引人关注：一些看似平庸、没有任何英雄气度的人，手下却尽是英雄豪杰，而且他们心悦诚服地为其效劳。

刘邦看似不学无术，但手下人才辈出：张良精于谋略，萧何擅长治理国家，韩信善于领兵打仗，这些人最终帮助刘邦成就了千秋伟业——成为中国历史上第一位农民出身的皇帝。宋江看似文武一般，却统领着天不怕、地不怕的梁山一百零八将，将他们管得个个服服帖帖的，最终以群雄之首招安拜将。刘备从一个织草席的破落皇族起步，与武艺高强、有仁有义的关羽、张飞"桃园三结义"，还三顾茅庐请诸葛亮出山，建立了蜀国霸业，与曹操、孙权形成三足鼎立之势……

管理不提倡个人英雄主义，甚至反对"与下属争业绩"，因为这样很容易引发团队矛盾。

某营销团队在公司2000多个销售团队中脱颖而出，不仅业绩突出，而且团队氛围好，特别能战斗。该团队带头人在分享经验时，说得最多的就是"不与下属争业绩"，然而，这脱口而出的一句话，却是团队带头人经历了一番颇为曲折的心路历程得出的经验之谈。

这位团队带头人原本是一名基层营销人员，由于业绩优秀被提拔。但是，起初她并不适应新角色。因为提拔后的她不仅要做营销，还要统筹负责安全、培训、后勤等工作。一年到头，她的活更多了，事更杂了，但拿到的薪酬却不升反降。她有几次甚至想鼓足勇气，请求辞去团队领导的职务。

　　最让她感到不安的是，由于被日常的事务性工作缠身，她只能拿出有限的时间来维护客户关系，所以有两名下属的业绩相继超越了她。性格好强的她，感到自己的面子有些挂不住。于是，她暗下决心，要重新夺回第一的位置。对于那些归属不明确的业绩，她开始悄悄地记入自己的名下。很快，她的业绩有所提升，但这却带来了更严重的问题——团队气氛变得紧张，下属们纷纷表达不满，甚至有人越过她直接向上级领导投诉。公司领导找她谈话："团队带头人的第一职责是团队建设，通过大家的业绩来体现你的业绩，不是个人争第一。大家好，才是真的好！"她这才开始认真反思自己的做法，重新定位自己的角色，将更多精力放在团队建设上，营造良好的团队氛围。这样一来，大家的心气顺了，干劲足了，团队业绩快速提升，她自己也如鱼得水，越干越轻松，幸福感越来越强。

三

积极情绪：建设知行合一的企业文化

幸福领导力要求管理者不仅自身要树立积极情绪，还要通过建设知行合一的企业文化，让积极情绪惠及团队成员。

积极心理学专家芭芭拉·弗雷德里克森教授认为，让人生机勃勃的积极情绪以出现的相对频率为顺序，排在前五位的依次为喜悦、感激、宁静、兴趣、希望[1]。

---

[1] 有关喜悦、感激的内容，请参考本书姊妹作品《幸福领导
力：藏在故事中的管理智慧》P66~74。——作者注

> "非淡泊无以明志，非宁静无以致远。"宁静是一种绵柔、低调、放松的心态，通常产生于感觉内心深处安全而美好的时刻。坚守内心的宁静，保持清醒的头脑，才能精神愉悦。

正念冥想：生命的最强力量来自极致的宁静

● 案例故事

有这样一则故事，读起来特别耐人寻味。

一家工厂高薪招聘无线电操作员，吸引了一大批求职者前来应聘，竞争非常激烈。笔试之后，进入面试环节的人被工作人员安排在会客室等待。有些人聚在一起大声闲聊；有些人三个一组、五个一群，窃窃私语，彼此想从对方口中打探一些"内幕信息"。只有一个人安静地坐在那里，闭目养神，一言不发。突然，他大步流星地走进面试官办公室，不久，又笑容满面地走了出来。

接着，工作人员宣布："我们的面试已经结束，感谢大家来我们公司应聘！"

原来刚才那位独自静坐的面试者已经拿到了公司的录取通

知。众人不解："真奇怪！为什么还没有面试就结束了呢？这里面肯定有猫腻，不公平！"

工作人员一脸无奈地说："你们都忙于聊天，没有注意扩音器所传的电码声。我们发出的信息是第一位译出电码到办公室的人就会被录用。这是我们这次面试的规则，你们反对无效。"众人恍然大悟，原来是自己的心浮气躁让机会白白溜走了。

"心静则体察精，克治亦省力。"意思是说，心静能够体察事物的本质，发觉事物的精微之处，处理事情也能够省力，即达到事半功倍的效果。

曾国藩说："凡遇事须安详和缓以处之，若一慌忙，便恐有错。盖天下何事不从忙中错了。故从容安详，为处世第一法。"最棘手的问题，往往是通过平静之心来解决的；最难达成的目标，常常是放下对结果的执着才能实现。遇事就紧张、临事就慌张的人，常常浮躁焦灼，难成大事，他们就是缺了"静"的智慧。

在湘军最高统帅曾国藩的字典里，"静"字有着极重的分量。当战局紧张到令人窒息，焦虑和困惑如影随形，他仍坚守内心的一片宁静。尽管军情千变万化，每一次决断都关乎生死存亡，曾国藩却会在焦虑时先找一处小楼，独自静坐，让自己心静如水，再从容地做出明智的抉择。

"每临大事须有静气"，大事发生时，各种信息会接踵而至，这时就更要理性分辨、弄清事实，沉着淡定、从容应对。人生会遭遇许多事，其中很多是难以解决的，这时我们往往会被盘根错节的烦恼纠缠住，茫茫然不知如何面对，但如果能静下心来处理就会柳暗花明。

• 理论逻辑

让自己静下来的方法有很多，正念冥想是很重要的一种。正念冥想是"活在当下"的有效方法。我们冥想时，会以一种知晓、接受、不做任何判断的立场，有意识地专注当下。

正念冥想可以改善记忆，缓解压力，减轻慢性疾病的严重程度等。并且有研究表明，它能够改变我们的大脑。神经科学家戴维森曾邀请12个经常冥想并且平均冥想时间达19000小时以上的专业人士，与12个与他们年龄相仿但刚刚开始冥想的普通人进行比较。[1]结果发现，那些长期进行冥想训练的人脑区激活程度非常高，觉察力和专注度更高。进一步的研究发现，经常冥想的大脑，其结构也已发生了实质性的改变。

• 启智增慧

我们正处于一个"浮躁时代"，每天都忙忙碌碌：忙着升职

---

[1] 来自《幸福的种子》，彭凯平著，三联书店，2024年2月第一版，第240页。——作者注

晋级，忙着喝酒应酬，忙着与别人竞争。忙着忙着，我们就逐渐迷失了自己，失去了初心本分。然而，忙碌并没有充实我们的灵魂，滋养我们的身心，外界环境稍有风吹草动，就会引发我们的焦灼不安。

其实，不论是科学，还是艺术，面对这个问题的解决方案都指向一个字："静"。古人说："非淡泊无以明志，非宁静无以致远。"宁静是一种绵柔、低调、放松的心态，通常产生于感觉内心深处安全而美好的时刻。坚守内心的宁静，保持清醒的头脑，才能精神愉悦。

正念冥想还是从独处中汲取能量的有效方式。公开资料表明，一些知名大佬和《财富》评选出的500强公司也在积极实践正念冥想。

施瓦辛格描述了他本人借助正念冥想发生的蜕变。他深有感触地说："它改变了我的一生，不仅我的焦虑感消失了，我的情绪也比之前稳定。直到今天，我仍然从中获益。"

谷歌公司内部每年举办4次正念课程，每次长达7周，帮助几千名谷歌员工拓展思维空间，激发创意和灵感。

基于东方佛学思想的正念冥想操作简单方便，可以随时随地进行，比如坐在办公室椅子或垫子上，甚至出差路上、会议间隙也可以完成。

正念冥想的练习方法如下。

◆ 放慢你的呼吸。调整姿势，把自己的身体调整到放松但警觉的状态，再将注意力放在呼吸上。感受空气流经鼻孔的感觉，觉察吸气、呼气，以及两者之间的停顿。把注意力立刻集中到自己身上、集中到当下，用你的呼吸抚慰你的内在，跟自己的内在在一起。

◆ 跟自己的身体贴近，觉察自己身上有哪些没有放松的地方，然后让自己放松。

◆ 放空你的头脑，什么都不想。当你走神时，比如突然想到一件事还没有做，你需要做的只是告诉自己："哦，我知道了，回到呼吸上吧。"

当一个人从自己的兴趣出发，找到真正热爱的事情并投身其中时，就可以做到自觉自愿，自动自发，"不待扬鞭自奋蹄"，随之而来的自然是不断产生好的结果，带来积极的正反馈，这又进一步激发了干劲。在这种良性循环过程中，自己便形成了恒久的毅力，能够快速成长。

《跳出我天地》：兴趣才是人生的源动力

• 案例故事

《跳出我天地》是2000年上映的一部英国电影，该片以1984年英国矿业工人大罢工为背景，讲述了11岁的矿工之子比利·艾略特（也译为比利·埃利奥特）冲破重重阻力勇敢追求心中理想的故事。

比利出生在一个贫穷的矿工家庭，他和爸爸、哥哥、年迈的奶奶生活在英国北部的一个小镇里。他们的家庭经济情况虽然不乐观，但是爸爸每天都会在拮据的收入中挤出50便士给比利，让他去学习拳击，希望他可以变得有力量，将来子承父业，成为一名强健有力的矿工。

然而事与愿违，比利天生不是打拳击的料，他继承了妈妈的基因，从小喜欢艺术，爱弹钢琴，对拳击没有兴趣，更没有天赋。尽管他练得很辛苦，很用力，可是，在拳击台上他轻易就被对手一拳击倒在地了。

一次机缘巧合，他混入了芭蕾舞课堂，怯生生地跟着女孩们上了一节芭蕾舞课，这不经意的举动让他找回了自信，激活了他潜意识中对芭蕾舞的热爱，身体里开始迸发出源源不断的力量。他对芭蕾舞的爱从此一发不可收拾，他偷偷用爸爸给的上拳击课的学费去学了芭蕾舞。

舞蹈老师威尔金森夫人发现了他在芭蕾舞方面的天赋，认为他是个难得的可塑之才，便倾尽全力对他进行培养。为此，她甚至放弃了自己一个班的女学生，单独为比利开小灶进行"一对一"式的辅导，还帮助他备考伦敦的皇家芭蕾学校，助力他走向更大的舞台。

然而，实现梦想的路从来就不是一帆风顺的，比利也不例外。一方面，当时的人们对芭蕾舞存在偏见，认为这是一种奢侈品，是"有闲阶层"的专利。另一方面，比利的父亲非常传统保守，性格强势而倔强，他无法接受儿子放弃拳击而选择舞蹈这种"女性化"的爱好。对此他非常愤怒，认为比利不可理喻，比利的哥哥更是脱口而出："只有女孩子才会跳芭蕾舞，学芭蕾舞的男人会变成娘娘腔。"更重要的是，窘迫的经济条件，不允许家里用血汗钱去供比利学舞蹈。持久的罢工，让全家连买柴烧火的钱都没有，爸爸甚至用斧头砍碎了妈妈留下来的钢琴生火。

在家人的阻拦、外界的偏见和内心的挣扎下，比利面临着痛苦的抉择，身心备受折磨，但是，他仍然坚守着自己的梦想，继续偷偷苦练舞蹈。他有一个坚定的信念，那就是要跳下去。这个信念打败了一切阻碍。他太喜欢跳舞了。

几番波折之后，比利终于扭转了家人的偏见，得到了他们的理解和支持。父亲认识到儿子的天赋和努力，毅然决然地选择放弃罢工，重返矿场做工，以挣取微薄的收入供比利学舞蹈，即便是做为人所不齿的"叛徒"也在所不惜。

参加皇家芭蕾舞团的甄选时，比利由于过于紧张，表现并不好，甚至动作有些僵硬。在即将离开考场的时候，一位女考官不经意地问了他一个问题："你跳舞的时候是什么感觉？"这时，他跟随直觉，勇敢地说出内心最真实的声音："不知道。我觉得很好，一开始有一点僵硬，但是只要一跳舞我就会忘记一切，好像一切都消失了，我感觉身体在改变，身体里面好像有一团火，剩下我在那里，像小鸟一样在飞翔，像电流一样。"这段堪称经典的台词不仅说进了老师的心里，也击中了观众的内心，成为影片的神来之笔。最终，他成功被录取，成为了一名专业的芭蕾舞演员，站上了顶级舞台，跳出了自己的精彩人生。

影片的结尾是十年后比利的爸爸、哥哥和他儿时最好的玩伴坐在皇家剧院里欣赏由他主演的盛大演出。此时，比利已经是一名英国皇家芭蕾舞团大师级的演员，他已经由"丑小鸭"变成天鹅湖中真正的"王子"。在所有人的注视下，在《天鹅湖》音乐的伴奏中，他最后那优雅的跳跃是如此轻盈、优美，展现了力与美的结合。他的光芒和自信，他的那一抹微笑，让所有观众为之动容，也让他的朋友为之感动，更让爸爸热泪盈眶。这就是兴趣的力量——激励着这个矿工的儿子不断努力奋斗，持续激发潜能，最终走上职业舞者之路，成为舞台上的明星。

● 理论逻辑

多元智能理论（Theory of Multiple Intelligences，简称MI理论，如下图所示）由美国教育学家和心理学家霍华德·加德纳博士提出，是一种全新的人类智能结构的理论。它认为人类思维和认知方式是多元的。智力不是一种能力，而是一组能力；智力不是以整合的方式存在的，而是以相互独立的方式存在的。多元智能中的各种智能内涵如下。

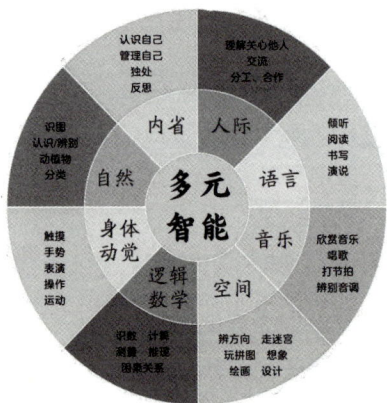

多元智能理论模型

1. 语言智能

语言智能指有效地使用口头语言或书面文字表达自己的思想并理解他人的能力。这种智能强的人通常在沟通能力上具备优势，适合的职业包括记者、主持人、推销员、社会活动家、教师、翻译、律师等。

2. 逻辑数学智能

逻辑数学智能指有效地计算、测量、推理、归纳、分类，并进行复杂数学运算的能力。这种智能强的人思维逻辑缜密，善于分析、推理、处理抽象概念等，适合从事科学家、会计师、工程师、程序员等职业。

3. 空间智能

空间智能指准确感知视觉空间及周围一切事物，并且能把所感觉到的形象以图画的形式呈现出来的能力。这种智能强的人通常在艺术、设计和建筑等领域具备突出的表现力。

4. 音乐智能

音乐智能指能够敏锐地感知音调、旋律、节奏、音色等的能力。这种智能强的人对节奏、音调、旋律或音色的敏感性强，具有与生俱来的音乐天赋，往往具有较高的表演、创作的能力。

5. 身体动觉智能

身体动觉智能指善于运用整个身体来表达思想和情感、灵巧地运用双手制作或操作物体的能力。这种智能强的人通常在体育、舞蹈、手工艺等领域具备突出的表现力。

6. 人际智能

人际智能指对他人的表情、话语、手势动作的敏感程度和对此做出有效反应的能力。这种智能强的人通常在社交、团队协作等方面具备优势，适合的职业包括销售、公关、人力资源管理等。

7. 自省智能

自省智能也称为自我认识智能，指的是了解自己、认识到自己的强项和需求的能力。这种智能强的人通常在个人成长、心理咨询等领域具备优势。

8. 自然智能

自然智能指的是观察自然的各种形态并对动植物进行辨别和分类，以及能够洞察自然或人造系统的能力。这种智能强的人通常在生物学、生态学等领域具备优势。

根据多元智能理论，我们可以将智能分为不同的类别，包括但不限于以上八种智能。每个人在这些智能类型中都可能表现出不同程度的优势和天赋，都会"自驱自动"地做一件自己感兴趣的事，也会表现得非常专注和忘我。

● 启智增慧

影片中，比利的智能优势显然是音乐智能，而不是身体动觉智能。不难想象，如果比利按照家里的安排，继续打拳，大概率的结果是一事无成，自己也会被打得头破血流。因此，不要把做自己不擅长的事当成是对自己的磨炼，否则你将会在黑暗中摸索更长时间，甚至永远停留在阴影中。

兴趣是最好的老师，是学习进步的原动力，是自驱力的不竭源泉。畅销书作者古典曾说："比终身学习者更有效的，是终身提问者。"你想学什么，取决于你要解决什么问题，增强学习动力最好的方法就是找到你真正感兴趣的问题。

当一个人从自己的兴趣出发，找到真正热爱的事情并投身其中时，就可以做到自觉自愿，自动自发，"不待扬鞭自奋蹄"，随之而来的自然是不断产生好的结果，带来积极的正反馈，这又进一步激发了干劲。在这种良性循环过程中，自己便形成了恒久的毅力，能够快速成长。从这个意义上说，我们常说的"成功在于坚持"，实质上也是一道伪命题，做自己感兴趣的事情本身就是生命的需要。

我曾在北京西西弗书店参加过中央电视台著名主持人白岩松

的新书发布会暨《阅读，遇见前方更好的自己》主题分享会。白岩松一上台，就展现出了与众不同的主持风格：没有冗长的开场白，直接让大家提问，大家可以问任何想问的问题。

面对读者的提问，白岩松侃侃而谈，开诚布公地袒露自己的观点，让人感觉深刻而不呆板，活泼而不媚俗，犀利而不冰冷，轻松之余还能引入深思。抓住这个机会，我也站起来问了一个问题："是什么力量让你在一个岗位上常干常新，青春不老？"

白岩松的回答简单明了："虽然我今年已是51岁的'老人'了，但我对这个世界依然感兴趣，依然对新闻事业充满好奇。时至今日，我感觉前方仍然有很多的前方，有很多好玩的事情可以去做。"

《基督山伯爵》中有一句话："人类的全部智慧就包含在这五个字里面：等待和希望！"一个心怀希望的人在面临困难时，始终相信终有一天会变好，而且会越来越好，因此绝不轻易言败。

《乱世佳人》：常常怀抱希望，从容应对风雨

● 案例故事

经典电影《乱世佳人》改编自小说《飘》，讲述了美国南北战争爆发后，塔拉庄园的千金小姐斯嘉丽（也译为郝思嘉）动人曲折的爱情经历。影片将一名女性独立自强、永远充满希望，在乱世之中勇敢面对未来、积极求生存求发展的过程惟妙惟肖地呈现了出来。

故事开始于南北战争前夕，斯嘉丽是一个农场主的掌上明珠，生活优渥，养尊处优。这位千金小姐唯一的烦恼就是她爱的人不爱她，这个人就是她青梅竹马的玩伴卫斯理（也译为艾希利），他爱的人是梅兰妮。

当卫斯理与梅兰妮订婚的消息传到斯嘉丽耳中时，她难以置信，想不通自己心心念念的人为什么会喜欢一个平平无奇的女

人。更没想到的是，她对卫斯理的炽热表白，也被无情地拒绝了。一气之下，这个任性的大小姐便同意了查尔斯的求婚，并和这个自己并不爱的男人"闪婚"了。

这个时候，美国爆发了南北战争。无情的战争摧毁了家园，昔日繁荣的庄园转眼间变成了一片废墟，昨天还娇生惯养的大小姐一夜之间落魄不堪。

很多观众看到这里都为女主角捏一把汗，担心她这朵温室的花朵经不起大风大浪，会随着战争枯萎倒下。然而，她并没有被打倒，而是勇敢地一次次成长。

在兵荒马乱的生死关头，很多人都选择早早地逃离，斯嘉丽则为了兑现对卫斯理的承诺，选择了留下来，照顾临产的梅兰妮，帮助她顺利生下了孩子。然后她又独自一个人，驾驶着一辆破破烂烂的马车，带着一个虚弱的产妇、一个刚出生的婴儿，和一个笨笨傻傻的小女仆，穿过战火硝烟，绕过暴乱的人群，回到了被战火摧残的家园——塔拉庄园。

回到故乡后，她本以为可以卸下重担，扑进父母的怀里大哭一场，发泄心中的害怕和委屈。然而，故乡早已物是人非、满目疮痍，等待她的只有母亲冰冷的尸体、略显疯癫的父亲和被扫荡一空的家园，所有的食物、钱财都被抢劫一空，饥荒、疾病在这片土地上蔓延。

她毅然决然地担负起长女的责任，扛起养家糊口的重担，成为全家的顶梁柱，勇敢地喊出那句直击人心的话："我不会被任何事情打垮。等这一切都结束后，我永远不再挨饿，也不让家里人挨饿。"此时的她，美得动人心魄，但不再只是因为漂亮的脸蛋，而是她浑身散发的那种炽烈的、不屈服的、破土向上的生命力。

为了重建家园，她不辞辛劳，做着从前的佣人做的事：起早贪黑地下田耕作，每天挑水、养牛、翻土，还学会了挤奶、养猪、摘棉花。在生活的磨砺下，斯嘉丽曾经不沾阳春水的双手，逐渐有了粗糙的质地。

为了养活一家人，她成了全家的主心骨，召集大家一起劳作，像包工头一样严厉管束下人，千方百计增产增收。在她的努力经营下，庄园里粮食充足，大家远离了饥饿。

在那个女人被教导要安守本分的年代，她抛头露面，开木材厂，把生意做得有声有色，丝毫不理会闲言碎语，不在乎世俗的眼光。

她勇敢冷静，关键时刻敢于出手，绝不手软。面对闯进庄园的侵略者的步步紧逼，她果断掏出手枪，一枪就把敌人打得头破血流。在她的心里，有比生命更重要的东西，那便是她赖以生存的家园。

即便最后更猛烈的打击来临——她深爱的女儿意外死亡，她最爱的人离开她时，大梦初醒的斯嘉丽在悲痛哭泣之后，仍然坚强地抬起头，双眸熠熠生辉，说出了那句流传甚广的至理名言："不管怎样，明天又是全新的一天。"整部作品定格在这里，往事随风飘散，希望永不泯灭。这不仅是女主角个人的坚强宣言，也是整部电影的高潮。

在这部经典影片中，我们看到了一个女性的救赎和成长，她的故事不仅仅是个人的奋斗史，更是对整个时代的反思和致敬。只要怀抱希望，就可以击败前进路上的困难，应对人生中的风雨。

理论逻辑

著名心理学家斯奈德提出的希望理论认为，希望是一种积极的动机性状态，这种状态是以追求成功路径和动力交互作用为基础，包括三个最主要的成分：目标（Goals）、路径思维（Pathways Thoughts，也称途径）和动力思维（Agency Thoughts，也称精力）。一个有希望感的人不仅有意志去实现自己的目标，而且有实现目标的策略和方法。

与希望感紧密相关的认知要素是学习目标。希望感驱使我们持续进步和成长，而那些拥有学习目标的人，更倾向于制订长期、稳定的行动计划来达成目标，并随时监控自己的进步，确保不偏离正确的行动方向。大量研究表明，学习目标对我们的成功至关重要。无论是在学术、体育、艺术、科学还是商务领域，树立目标都是成功的关键因素。

斯奈德等人的研究进一步揭示，希望感与积极的生活成就紧密相连。他们进行了一项研究，专门探讨了"希望感如何影响学生六个月后的学业表现"。研究结果显示，希望感与优异的学业成绩存在显著相关性：希望感较强的孩子通常在学业上表现更佳，并更有可能获得较高的学位。

● 启智增慧

《基督山伯爵》中有一句话："人类的全部智慧就包含在这五个字里面：等待和希望！"一个心怀希望的人在面临困难时，始终相信终有一天会变好，而且会越来越好，因此绝不轻易言败。那么，如何培养我们的希望感呢？

第一步，培养目标导向的思维。设置清晰的目标可以让我们的生活更幸福，事业更成功。亚里士多德有句名言："明白自己一生在追求什么目标非常重要，因为那就像弓箭手瞄准箭靶，我们会更有机会得到自己想要的东西。"

第二步，找到成功的方法。目标定了，就不怕路远。设定目标后，我们不妨想一想，能不能找到实现目标的路径和方法，然后综合平衡，择优选取一种能最大限度整合自身资源与天赋、为社会创造价值的最优路径去执行。

第三步，落实行为的改变。行动胜于心动。希望理论的一个重要方面是强调个人的主动精神。因此，我们必须积极采取行动，而不能犹豫不决。时间通常是影响我们希望感的最大因素，这就要求我们迅速结束内耗，立刻付诸行动。

开展企业文化建设的关键在于知行合一，言行一致。如果一家公司想形成真正有竞争力的企业文化，就得在提出口号和理念的同时，考虑配套落地的制度实施体系，并根据形势变化，实时动态调整，使制度逐步趋于完善，确保物质文化、制度文化和精神文化相匹配。

华为启示录：知行合一，是企业成功的关键

● 案例故事

某企业文化专家应邀给一家公司做企业文化咨询。该公司的企业文化建设开展得很不错，建立了包括企业使命、企业愿景、服务理念等在内的一整套完善的企业文化体系，并将其推广得很到位，不仅员工们能够背诵讲解，而且实现了"电台有声、报纸有名、电视有影、网络有文"，还获得了该市"企业文化建设先进单位"等荣誉称号。

专家实地调研时，听了该公司相关负责人的介绍，观看了纪录片，参观了企业文化展室。所到之处，员工着装统一，精神面貌良好，工作环境整洁舒适，墙上还贴着振奋人心的标语，一切都显得无可挑剔。其中一条标语格外引人注目——"以客户为中

心，以奋斗者为本，长期坚持艰苦奋斗"，这是公司学习华为的成果之一。

当专家深入基层进行调研时，却发现实际情况与标语存在差距。一位公司高管陪同他来到一个网点，此时正值业务高峰，营业厅里排起了长队。网点负责人热情迎接，将专家和领导请进贵宾室，两名正在办理业务的营业员也放下手头工作，忙着端茶倒水。这样一来，营业厅变得更加忙碌混乱。

专家发现，这家公司虽然墙上挂着"以客户为中心"的标语，但在实际行动中却将客户抛在脑后。在与相关人员进行交流时，他发现这家公司"以奋斗者为本"的理念仅停留在纸面上。他们嘴上说着人力资源是公司最宝贵的资源，但实际上却对新入职的大学生漠不关心，让他们挤在破旧的公寓里，不少新员工缺少职业生涯规划，公司人才流失严重。

营销人员在外征战，却没有得到应有的支持。而那些劳动模范、营销精英，除了每年象征性的表彰慰问外，在公司里未得到应有的尊重，连公司年会庆典的门票都拿不到。

这家公司在"长期坚持艰苦奋斗"方面更是言行不一。公司高管大谈奋斗和情怀，目标远大，却缺乏实际行动；中层管理者则专注于个人利益，争权夺利，忽视公司整体发展；而基层员工则只想过着"两点一线"的简单生活，上班"摸鱼"，下班回家。公司领导反复强调"降本增效"，但部分高管却讲究排场，浪费严重，与艰苦奋斗的理念背道而驰。

与之不同的是，提出"以客户为中心，以奋斗者为本，长期坚持艰苦奋斗"的华为，是知行合一的企业典范。可以说华为的员工和管理者已经将企业文化的精髓自觉地用在工作中，融会在行动上，落实在具体场景里。

以客户身份到过华为的朋友常常对其接待标准和一流的服务赞不绝口：豪华礼宾车光洁如新，下榻的豪华酒店无可挑剔，为客户营造出一种宾至如归的氛围。在接待细节方面，华为同样表现出无微不至的关怀：根据客户级别和偏好详细规划了客户的行程、活动安排、交通、住宿、陪同人员、宣讲要点等。甚至规定，当客户准备上车时，车门必须预先打开，以确保最佳的接待体验。

华为对奋斗者更是慷慨大方，大把发红包，大手笔分红。即使在自身困难重重的情况下，华为仍然没有忘记致敬"奋斗者"。

在践行艰苦奋斗方面，任正非以身作则，要求员工做到的，他率先做到。他始终保持朴素的生活习惯：没有豪华的办公室，经常排队和员工一起在食堂吃饭，出门也要去排队打出租车。

专家调研的公司与华为虽然有着一样的"企业文化"标语，但"企业文化"却截然不同。于是，专家决定将本次调研的主题确定为"完善制度文化体系，打造知行合一的企业文化"。

• 理论逻辑

企业文化又称组织文化，是一个组织的价值观、信念、仪式、象征标志和行事风格等独特文化元素的集合，它涵盖了企业在日常运作中的各种行为表现。

作为一种关键的竞争优势，企业文化对企业的经营成效产生了深远的影响。研究显示，如果一家公司拥有强大且以共同理念为核心的企业文化，其业绩将远超其他公司。

企业文化由以下三个层次构成（如下图所示）。

精神文化

制度文化

物质文化

企业文化的三个层次

1. 表面层的物质文化

物质文化被称为企业的"硬文化"，包括厂容、厂貌、机械设备、产品造型、外观、质量、宣传标语等。它直接影响员工的工作效率、舒适度和工作质量。好的物质文化可以提高员工的工作满意度和归属感，从而提升他们的工作动力和创造力。

2. 中间层的制度文化

制度文化包括领导体制、组织结构以及有关人际关系提升的各项规章制度，良好的制度文化对维护企业运营的稳定性和提升效率起到了至关重要的作用。

3. 核心层的精神文化

精神文化被称为"企业软文化"，包括各种行为规范、价值观念、企业的群体意识、员工素质和优良传统等，是企业文化的核心，被称为企业精神。它代表了企业的核心理念和价值观，对于激励员工、吸引人才和塑造企业形象至关重要。积极向上、有意义的精神文化可以让员工对企业产生认同感和归属感，从而激发他们的工作热情和创造力。

物质文化、制度文化和精神文化是企业文化的三个重要组成部分，它们相互关联、相互影响，共同构建了完整的企业文化。要打造有竞争力的企业文化需要在这三个方面协同发力，才能构建知行合一的企业文化体系。

● 启智增慧

很多管理者都有去华为学习参观的经历，有些老板学完归来后，还将华为企业文化的理念一字不改地复制下来，张贴在公司的宣传栏里，挂在办公室的墙上。然而，这样的做法往往成效甚微。原因在于，这些企业的管理者只是简单模仿，仅仅记住了几句口号，未能将学习到的内容深入制度文化和精神文化的层面。他们的言行不一，理想与实践之间存在着巨大鸿沟，对待自己和他人采用双重标准——对自己宽容放纵，对他人却要求严苛，无法身体力行。

企业文化不是无源之水、无本之木，不是外在经验的直接借鉴与引进，而是企业经营管理实践的深度提炼与总结。管理者只有根植于企业的实际发展，在传承的基础上不断创新，才能体现企业的鲜明特点和个性。"从实践中来，到实践中去"，是企业文化落地生根、根深叶茂的基本前提。

开展企业文化建设的关键在于知行合一，言行一致。如果一家公司想形成真正有竞争力的企业文化，就得在提出口号和理念的同时，考虑配套落地的制度实施体系，并根据形势变化，实时动态调整，使制度逐步趋于完善，使物质文化、制度文化和精神文化相匹配。

赏罚分明是古代管理学的经典理论，也是现代企业管理中的重要议题。要做到赏罚分明，关键是做到赏罚制度与企业文化理念相吻合，赏罚规则与日常管理制度相匹配，避免言行不一，企业文化宣传与管理运营实践脱节。只有这样，赏罚分明才能真正发挥作用，激励员工积极向上，推动企业健康发展。

胖东来凭什么得人心？赏罚分明是关键

• 案例故事

2023年，有着"超市中的天花板"之称的胖东来在应对"顾客争执舆情"中展现了出神入化的处理艺术，为各行各业应对舆情提供了堪称教科书级别的模板，也给管理者们上了一堂生动的实践课。以下，我们一起回溯一下这起舆情事件的来龙去脉。

6月19日20：29至20：30，当事员工在台面封装折价商品，当事顾客在员工旁边自行挑选商品后离开，其间与员工有两次简短交流。

20：33，当事员工推着第一批封装好的折价商品到称重台进行称重。

20:35，顾客拿着自行挑选的商品到称重台让员工称重并打印价格标签，当事员工提示顾客："自行挑选的商品不能折价，我封装好的才能折价。"随后顾客将自行挑选的商品放置到当事员工推的黄色筐内，员工推着称重完并贴好打折价格标签的商品返回台面。

20:43，当事员工推着第二批封装好的商品到称重台继续折价售卖，有多位顾客跟随员工至称重台并围着周转筐对未称重商品进行挑拣，员工提醒："别抢了，没法称。"此时员工的提醒已经没人听从。

20:46，眼看人越来越多，员工已无法继续工作，无奈之下，便选择暂停称重，转身离开了称重台区域。

20:52，区域其他员工将当事员工找回称重台称重，其他人均已散去，当事顾客指责员工让其等待时间过长（从员工离开称重台到再次返回，整个过程间隔6分钟），员工解释当时离开的原因，造成顾客情绪更加激动。周围员工立即上前劝解、安抚该顾客情绪，并将顾客劝离。而后，顾客投诉该员工。

6月20日，胖东来的员工在抖音平台发现一条不到1分钟的短视频，视频中一顾客在胖东来内与员工发生争执，视频迅速发酵，引发舆情。

随后，胖东来对此事做了调查，在6月25日发布了一份长达8页的调查报告。事件最终处理结果如下：

（1）携带礼物和500元的服务投诉奖登门向顾客致歉；

（2）管理人员全部降级三个月；

（3）因在场当班员工主动上前劝解安抚顾客，勇于承担责任，积极解决问题，对其进行通报表扬并给予价值500元礼品奖励；

（4）当事员工工作期间受到顾客的指责，并被发至网络，造成心理伤害，因此给予员工5000元精神补偿。

这份调查报告让舆情迅速翻转，胖东来再次走红。最让网友们暖心和折服的是胖东来人性化的处理结果：胖东来不但没有辞退当事员工，反而给予他5000元精神补偿。对此，胖东来表示公司尊重爱护顾客，但绝不以贬低员工为代价。顾客如果觉得消费体验不好，可以投诉，但不能辱骂员工，这是伤害人格尊严的严重行为。

此外，胖东来对其他主动上前维持秩序、劝解安抚顾客的员工也给予通报表扬并奖励价值500元的礼品。

在这份报告里，除了奖励，也有惩罚——超市管理人员全部降级三个月。胖东来认为，企业经营出现问题，管理层责任更大。所以，管理层必须对此事"兜底"。

这样的处理方式，符合胖东来一直坚持的文化理念和经营理念，体现了胖东来对企业信誉的珍视，对强化理论的灵活运用：凡是符合企业文化的行为，都应予以强化和奖励；相反，任何与企业文化相悖的行为，都应予以纠正和惩罚。

• 理论逻辑

美国哈佛大学心理学教授斯金纳提出的强化理论认为，无论人还是动物，为了达到某种目的，都会采取一定的行为，这种行为将作用于环境。当行为的结果对他有利时，这种行为就会在以后重复出现；当行为的结果对他不利时，这种行为就会减弱或消失。强化是对一种行为的肯定或否定的后果（报酬或惩罚），它至少在一定程度上会决定这种行为在今后是否会重复发生。强化可分为"正强化"和"负强化"。

正强化不仅能起到正面引导的作用，使人有成就感，增强保持荣誉的内在动力，也有利于形成学先进、争上游的心理气氛，激励人们上进。例如，企业用某种具有吸引力的奖励（如奖金、休假、晋级、认可、表扬等）表示对员工努力进行安全生产行为的肯定，能够提高员工安全生产的意识。

负强化可以起到劝阻和警告的作用，使人不再发生或减少错误行为。惩罚是负强化的一种典型方式，即在消极行为发生后，以某种带有强制性、威慑性的手段（如批评、行政处分、经济处罚等）给人带来不愉快的结果，或者取消现有的令人愉快和满意的条件，以表示对某种不符合要求行为的否定。

• 启智增慧

强化理论的核心内容之一就是赏罚严明，该表扬的就要旗帜鲜明地表扬，该处罚的也决不手软，以此来达到鼓励先进、鞭策后进、提高绩效的目的。

可是，在管理实践中，面对突如其来的舆情事件很多企业难以做到赏罚分明，往往采取以下两种方式来应对。

一是"一锅端"。舆情发生后，为快速平息民愤，很多企业会对直接当事人、当事人上级和相关管理者分别给予相应的处分，甚至上追三级，"统统打五十大板"。

二是"葫芦僧乱判葫芦案"。事件发生后，很多当事方会回避事实，掩盖矛盾，拿临时工来做"挡箭牌""替罪羊"。

要做到赏罚分明，关键是做到赏罚制度与企业文化理念相吻合，赏罚规则与日常管理制度相匹配，避免言行不一。

在这起与顾客争执的舆情处理过程中，胖东来给予涉事员工5000元的精神补偿并非头脑一热的临时决定，而是其企业制度中的明文规定。创始人于东来曾表示，员工不是机器，而是最大的财富。胖东来不仅是这么说的，也的确是这么做的，而且一直坚持这么做，做得比说得还好。他们不仅给员工高工资，还给员工幸福、有尊严的生活。

影片《至暗时刻》展现了丘吉尔在国家生死存亡的关键时刻卓越非凡的领导力，这与杰克·韦尔奇提出的危机领导力"五力模型"不谋而合。学习危机领导力，不断提升预见力、沟通力、感知力、行动力和学习力，对我们具有重要的现实指导意义。

《至暗时刻》：危机领导力是团队逆袭的关键

• 案例故事

《至暗时刻》是一部由乔·赖特执导的传记历史电影。影片讲述了第二次世界大战期间，英国首相温斯顿·丘吉尔在内外交困的情况下，临危受命，凭借卓越的领导力，成功领导英国人民赢得敦刻尔克战役，走出战争最黑暗时刻的故事。

以下，我们结合杰克·韦尔奇的危机领导力"五力模型"，从预见力、沟通力、感知力、行动力和学习力五个维度，一起感受一下丘吉尔这位伟大的政治家在危机中的领导艺术。

1. 预见力：身处战争旋涡中，伟大的政治人物总是比别人看得更远一步

和很多伟大的政治人物一样，丘吉尔对未来具有相当精准的预见力。第二次世界大战前夕，他就一眼看穿了希特勒的阴谋诡计，不遗余力地提醒英国人和全世界，希特勒绝不是善类。为此，他强烈反对当时的英国首相张伯伦对德国的"绥靖"政策，力主增加防务支出，扩大军备，随时准备对德国开战。

也许丘吉尔的言论直击德国纳粹的痛处，他们听到了丘吉尔的"指控"大为震怒，大骂丘吉尔。然而，德国人对丘吉尔的痛斥不仅没有影响他的职业生涯，反而提高了他的政治声望，就连英国国王也说，"能让希特勒害怕的人，值得我们所有人的信任"。

常言道，事后诸葛亮好当，事前神算子少有。1939年9月1日凌晨，德国闪击波兰，并在一个多月的时间里迅速将波兰彻底击败，这刚好印证了丘吉尔的预测。正是这种先见之明和战斗到底的决心，让丘吉尔成为了战时首相的不二人选。

2. 沟通力：影响并带动全国人民一起斗争到底，直到最后胜利

作为一个有远见的首相，丘吉尔很早就对纳粹德国的独裁本质有着清醒的认识，他在对德国斗争方面是坚决的。然而，领导不是一个人的独唱，仅凭自己的一腔热血是无济于事的，更重要

的是让整个团队接受并朝着目标共同努力。《至暗时刻》以丘吉尔的三次演讲为主线，层层递进，讲述了这位伟大的政治家是怎样以铁血的意志，说服所有人与德军斗争到底，进而改变世界战局的。

丘吉尔上任后的第一次演讲，成为了他明确对德宣战立场、巩固首相地位、获取支持并团结人民的至关重要的第一步。在这场以"热血、辛劳、眼泪和汗水"为主题的演讲中，他代表新政府表达了誓与德国交战到底直至最终赢得胜利的决绝意志和奋斗目标："我没有什么可以奉献的，只有热血、辛劳、眼泪和汗水……若问我们的目标是什么？我用一个词来回答你们：胜利！不惜一切代价去争取胜利，无论多么恐怖也要争取胜利，无论道路多么遥远艰难也要争取胜利，因为如果没有胜利，我们将无法生存！"

单就主题和形式来讲，这场真诚的演讲，既让大众看到了战争一触即发的真实情况，也让人们看到新首相乐观无畏的革命精神，但是，这一切只是基于丘吉尔个人的形势预判和独立见解，还没有得到英国各个阶层的广泛支持，尚有些夸夸其谈之嫌。

第二次演讲，是他向英国民众发表广播讲话。这次演讲面临的国内外形势更加严峻。战局每况愈下，英法联军被德军步步紧逼，兵败如山倒，并且得不到来自美国等国家的帮助，欧洲国家都近乎沦陷、岌岌可危。同时，丘吉尔的政策遭到议和派的反对，他随时都有被弹劾下台的风险。在此千钧一发之际，丘吉尔巧妙地避开同盟国形势恶化的话题，以理性的激励唤起民众的信心和勇气："我们要继续战斗，直至取得胜利，无论要付出多大的代价，无论要承担多大的痛苦，我们也不会屈膝接受耻辱奴役。"

第三次演讲，让他真正获得了民众的坚定支持。丘吉尔突然造访伦敦地铁的情景让人印象深刻。他毅然走下轿车，走进地铁站，倾听群众的呼声，向人民请教答案。当他问是否应该与德国妥协谈判时，地铁里的乘客众口一词地回答"Never"（决不）。这一幕很温暖，很有力量，也让他潸然泪下。见到民众对他如此拥护，就连他的反对派张伯伦也不愿再违背民心，终于表示了对他的支持。有了人民群众这一坚强的后盾，丘吉尔如获新生，步伐更加坚定，演讲语气更加坚决："我们将不惜一切代价，保卫我们的岛屿。我们将在海滩上作战，我们将在敌人登陆地点作战，我们将在田野和街头作战，我们将在山区作战，我们绝不投降。"

3.感知力：密切关注和高度重视利益相关方的情况与态度，及时进行调整

一个优秀的管理者应该富有感知力、能善于换位思考、能及时调整发展战略。丘吉尔很有同理心，具有从善如流和暖心体贴的温情一面，这也让他和国王从不信任到试探，再到互相支持着挺过了战争最黑暗的时刻。

起初，国王乔治六世对丘吉尔并无好感，也不愿任命他为首相。丘吉尔过去的政治记录中充满争议，国王甚至将他视为一个鲁莽、难以预测的狂人。然而，面对战争的严峻形势，国王不得不任命丘吉尔为英国的首相。电影中有一个生动的细节：在任命仪式上，国王和丘吉尔相对无言，室内的气氛异常尴尬。尤其在丘吉尔行最后的亲吻礼时，国王不经意间流露出一丝嫌弃的表情，并轻轻用衣袖擦拭了被亲吻过的手背，这一细节生动地描绘了两人之间微妙的关系。丘吉尔自然能感知到这一点，但是，他并不在意这些细节，他始终抱有将国家重担扛在自己肩上的责任感，以及对国家的敌人绝不妥协的决心，并和国王"冰释前嫌"，成为挚友。在最为痛苦纠结的至暗时刻，强势的丘吉尔也曾被疑虑、恐惧、犹豫撕扯着，难以挣脱，他在国王面前袒露了自己的脆弱："我怕得要死，在抗战问题上，我得不到战时内阁成员的支持……我几乎没什么朋友可以开诚布公地聊天。"

国王理解丘吉尔的难处，并深知整个国家的困境，最终对丘吉尔战斗到底的主张从有所保留转变为坚定支持。后来，丘吉尔正是听从国王"多到民间走走"的建议，才有了造访伦敦地铁的想法，并在倾听人民群众的呼声中获得了强大的力量、坚定的信心。

不仅对位高权重的国王富有感知力，丘吉尔对身边的工作人员也很有同理心。在作战室中，他看到秘书伊丽莎白桌上的戎装照片，体会到她对亲人远赴战场、生死未卜的担忧，像父亲看女儿一样温情脉脉地看着她，并流下了伤心的泪水。他还破例带她进入了地图室，让她了解战情，解答她心中的疑惑。这些温暖的举动让她颇为感动，并且从一开始很不适应丘吉尔的工作风格，到成为他最坚定的支持者。

4.行动力：该出手时就出手，保持敏捷的行动力

丘吉尔是一个果断的决策者，在危急关头他敢于拍板定夺。上任伊始，面对执政基础不牢的严峻形势，他以舍我其谁的责任担当，大刀阔斧地运用首相职权，快速组建了具有广泛代表性的战时内阁，协调各方力量采取了有效行动，特别是力挽狂澜地指挥了敦刻尔克大撤退，展现了惊人的执行力。

在1940年5月25日的紧急时刻，英国陆军在前线遭遇了惨败，被迫撤退至法国北部的敦刻尔克，面临全军覆没的险境。在这个关键时刻，丘吉尔展现了他的军事天才，策划并指挥了惊人的敦刻尔克大撤退。在几乎不可能的情况下，他下令海军在短短几天内征用数百艘民用船只，将等待撤退的33.8万名英、法及其他盟军的士兵安全撤回英国。这一壮举不仅拯救了英国军队的主力，也极大地提振了全国人民的抗战意志。

为了争取宝贵的时间，让大部队安全撤离，丘吉尔还下达了一项艰难的命令：他要求加来的约4000名守军不惜一切代价，牵制并拖延德国装甲军的进攻。这意味着他要让这些年轻士兵去面对几乎必死的局面，但丘吉尔坚定地认为，为了拯救更多的人，

这样的牺牲是必要的。他毫不犹豫地表示愿意为此承担全部责任，展现了他作为领袖的果断和勇气。

5.学习力：在危机中持续学习，不断成长

影片以丘吉尔的一句话作为结尾："没有最终的成功，也没有致命的失败，最重要的是继续前进的勇气。"这句话特别耐人寻味。正是这种在危机中持续学习的精神，在磨难中继续前行的信念，才使得丘吉尔穿过一个个至暗时刻，成为一个伟大的人物，更使得他率领的国家不断迎来光明，成为第二次世界大战的最终胜利者。

丘吉尔不仅被英国人民，也被全世界尊崇为历史上最杰出的领袖之一。2002年，BBC将他评为"英国历史上最伟大的人"，他的名字已成为英国坚韧不拔精神的象征。然而，要全面理解丘吉尔的"伟大"，我们必须超越他的政治成就，审视他丰富多彩的跨界人生：他既是政治家，又是历史学家、画家、演说家、作家和记者。他自21岁起便开始创作小说，24岁时已成为世界顶尖的记者。他一生笔耕不辍，涉及小说、传记、历史著作等多种题材。1953年，他凭借《不需要的战争》荣获诺贝尔文学奖，成为历史上唯一获得该殊荣的国家领导人。丘吉尔的"斜杠"人生，展现了他无与伦比的才华和多元的成就。

• 理论逻辑

有"全球第一CEO"之称的通用电气公司前董事长兼CEO杰克·韦尔奇非常重视危机管理，他在《赢》这本书里专门用一章的内容写危机管理，并提出了危机领导力的"五力模型"（如下图所示）。

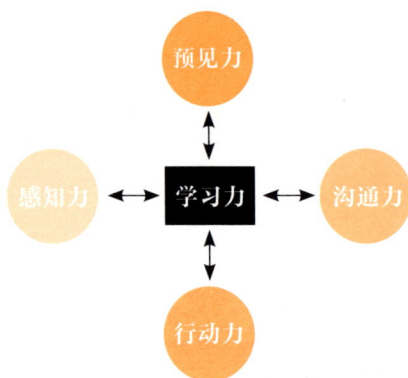

杰克·韦尔奇的危机领导力的"五力模型"

1. 预见力

对于危机，管理者首先必须具有预见力，能够充分估计危机的程度，在危机发生之前预见危机的来临，在危机发生的过程中预见危机的变化，对危机可能发生的多种情况进行情景规划，其中必须包括可能发生的最坏情况。

2. 沟通力

发生危机时，管理者要主动和内外部利益相关方沟通。消息无法被完全封锁，没有不透风的墙，有很多事情，即使你不说也有人会说，而且到最后你不得不说，可能说了也白说，而唯一的解决办法是主动沟通，掌握主动权。在当今的媒体传播环境中，沟通力的作用变得更加重要。

3.感知力

身处危机之中，管理者要随时保持对外界反馈的感知力，密切关注和高度重视利益相关方的情况与态度，及时进行调整，在最大程度上降低危机的损害，并争取从危机中获益。

4.行动力

在危机之中，胆怯才是真正的风险，过分民主只会贻误战机。领导者要敢于"独断专行"，拍板定调，保持敏捷的行动力，灵活高效地对危机进行反应和处理。就像加拿大职业冰球运动员韦恩·格雷茨基所说，"如果你不出手，你就会百分之百错过进球的机会"。

5.学习力

我们经常讲一句话："不要浪费一场好危机。"任何危机，不管你怎么讨厌它，它都能给人提供教训。能不能在危机中不断学习和进步，是衡量一个人能否突破自我、持续成长的关键。

· 启智增慧

领导力的真谛是在逆境时稳舵定向，调动有利于发展的资源，消除障碍，大刀阔斧地推进组织变革，带领团队坚定信心，勇毅前行。

然而，环顾四周，不难发现，很多人在顺境时是忠于职守、兢兢业业的称职领导，但面对动荡时却束手无策；在风平浪静的好地方还能有所作为，但在急流险滩的艰苦环境下却无可奈何。

因此，学习危机领导力，不断提升预见力、沟通力、感知力、行动力和学习力，对我们具有重要的现实指导意义。在这里，向大家推荐一种"HEAL治疗法"，可以帮助我们掌握危机领导力，走出至暗时刻，不断走向光明。

1.拥有它（Have it）

找到或创造有益的体验；针对危机，就是指掌握危机领导力"五力模型"的内涵和意义。

2.丰富它（Enrich it）

和它相处，充分地体验它；针对危机，就是指将危机领导力的实践方法应用到职场中，体验它的好处和可行性，验证它的有效性。

3. 吸收它（Absorb it）

接受它成为你的一部分；针对危机，就是指掌握危机领导力的实践方法，并融会贯通，将其转化为自身知识体系的一部分。

4. 关联它（Link it）

用积极体验来抚慰和取代那些让你感到痛苦的消极心理资源；针对危机，就是指活学活用，知行合一，用危机领导力理论指导实践，解决实际问题。

四

投入……享受福流的巅峰体验

最好的工作状态不是浑水摸鱼，能少干点就少干点，也不是钱多事少离家近，无所事事，而是沉浸在一种叫"福流（又称心流）"的状态中：全神贯注，沉浸其中，物我两忘，心无旁骛，点滴入心，驾轻就熟，酣畅淋漓。幸福领导力要求管理者不仅自己专注地工作，还要创造良好的工作氛围和环境，让团队成员可以享受福流的巅峰体验。

人生最好的状态永远是活在每一个当下，感受每一次呼吸，走好脚下的每一步路，"学的时候就好好学，工作的时候就好好工作，玩的时候就好好玩，吃饭的时候就好好吃饭，睡觉的时候就好好睡觉"，这是我们生命快乐的源泉，也是人生最重要的事。

活在当下：此刻就是最好的开始

● 案例故事

曾经有一位国王，他凡事都想要找到最佳决策方案。他不断地向他人咨询，试图确定何时是行动的最佳时机，谁是最好的伙伴，哪项任务最重要……然而，他所得到的答案始终未能令他满意。

于是，这位国王决定伪装成普通百姓，深入深山老林寻找隐居的智者，前往千年古寺拜访得道的高僧。年复一年，他仍未找到让自己满意的答案。直到有一天，他突然顿悟：最佳的行动时机就是现在，与我们共度此时的人就是最好的伙伴，当前需要做的事情就是最重要的事。

在英文中，"现在"是"present"，它同时也有"礼物"的意思。现在，就是生命赋予我们最好的礼物。

然而，在现实生活中，许多人往往忽略了当下的重要性。他们有的认为现在的时机尚未成熟、条件尚未具备，有的认为现在的伙伴不够理想，有的认为当前的工作过于简单琐碎。因此，他们四处奔波寻找理想的伙伴，多方打听寻找更好的项目。结果一无所获。

每当有人向查理·芒格求教"怎样才能成为巴菲特"时，他总是会讲一个关于莫扎特的故事。

一位年轻人来找莫扎特，虔诚地说："尊敬的莫扎特先生，我特别钦佩您在艺术方面的深厚造诣，请教教我怎样才能谱写交响乐吧！"

莫扎特抬起头来，仔细地端详着年轻人的脸庞："你多大了？"

"23岁。"年轻人回答。

莫扎特摇摇头："你太年轻了，写不了交响乐。"

"可是，莫扎特先生，您8岁的时候，就已经开始写交响乐了啊！"

莫扎特露出意味深长的笑容："没错，可我那时候可没有四处去问别人，该怎么谱写交响乐啊！"

● 理论逻辑

正如著名心理学家阿德勒在《被讨厌的勇气》一书中阐述的核心思想一样，决定人一生幸福的关键不是过去发生了什么，而是你对当下的专注，以及你为此刻所做的人生定义。

"去日不可追，来日犹可期。"我们能把握的只有现在。活在过去的人悔恨，活在未来的人焦虑，只有活在当下，才能得到真正的幸福。

有二个人，他们都梦想成为世界闻名的钢琴手。第一个人每天沉溺在对过去的自己的自责中，责怪自己过去为什么不好好练琴。第二个人沉溺在对未来的幻想中，常常想象自己站在至高领奖台上光芒四射的样子。第三个人则将注意力集中于眼前的一首曲子、一个小节、一次敲击键盘。他不回忆过去的失败，也不预想未来的可能，而是关注当下的此时此刻。这种人就是阿德勒推崇的"在当下起舞之人"，也是真正幸福的人。

● 启智增慧

许多人感到不幸福，因为他们要么沉溺于过去，与往昔纠缠不清；要么焦虑于未来，急切地想要预知明天的道路。我们只有接受现实，活在当下，生活的美好齿轮才会开始转动，带来改变。

活在当下，简而言之，就是在该吃饭的时候吃饭，在该睡觉的时候睡觉，在该工作的时候工作，在该休闲的时候休闲。这本是再简单不过的事情，然而，大多数人却往往做不到。

活在当下的关键是敢于马上行动，就像耐克的经典广告词说的那样："Just do it."（想做就做。）人生中的很多事情，永远不可能等到万事俱备才去做。一件事如果值得去做，而你却要等到你能做得尽善尽美以后才去做，那你可能永远都做不成。非洲经济学家丹比萨·莫约在《援助的死亡》一书的结束语中写道："种一棵树最好的时间是十年前，其次是现在。"

追求完美是人之常情，然而过度追求完美却可能成为我们行动的绊脚石。适时放下对完美的执着，勇敢迈出第一步，将想法变成现实，哪怕它尚显粗糙，都比停滞不前更有价值。我们要相信，每一个起点都孕育着无限可能。

2012年，当我萌发写书的想法时，曾和一个志趣相近的朋友交流过。当时这个朋友已经积累了大量素材，他信心满满地说："我脑中已经形成了一个初步完整的知识体系，整理出来，至少可以出版三本以上专著。"

我颇受启发，便自我加压，加快进程。2015年11月，我出版了《领导艺术的修炼：培养真正伟大的企业领袖》。当朋友看到样书后，他有些心高气傲地说："你的书我仔细看了，感觉挺粗糙。"他还给我提出了一些意见，"如果这样就可以出版，我出版五本也不在话下。不过，我佩服你的勇气。"

这个朋友的话还算客气，有个网友更直接，他在豆瓣网上留言：讲得很空，都是一些框架，没有真才实学或可圈可点能说清楚的例子。我很感谢这些中肯的建议，我将其消化吸收后，糅合到下一本书中。2022年1月，我出版了《零压工作：构建职场幸福大厦》。这个朋友看到后很惊讶："没想到我无意中说的意见，你竟然都记下了，还融合到新书里了。不过，我的书想等准备得再充分些再出版。"

在个人品牌打造和与读者交流的过程中，我得到了更多的信息反馈和创作动力。2023年9月，我又出版了《幸福领导力：藏在故事中的管理智慧》，这本书还得到清华大学彭凯平教授等100多位专家和企业家的倾力推荐。朋友看到后，有些钦佩地说："你这创作速度让我有些望尘莫及了！不知不觉中，你已经进入3.0时代，我的1.0还没有出来呢！"

其实，人生中很多事，重要的不是最终的结果，而是迈出第一步的勇气，以及始终在路上的坚持。

衡量一个人价值的关键不在于他解释得是否完美，而在于他解决问题的实力。谁的交付能力强，谁的核心价值就越大，谁就可能得到更多机会的青睐。面对工作中的一些失误，当你不再急于向别人证明自己的无辜，而是把承受的委屈都化为提升交付能力的行动时，那就是你变优秀的开始。

全力交付：解决问题是一个人最核心的能力

● 案例故事

这个故事发生在阿尔卑斯山上的一家酒店。一个初冬的夜晚，酒店接到通知，一批美国客人即将入住并用餐。然而，酒店餐厅的供暖系统坏了，餐厅温度骤降，如同冰窖一般。正当酒店总经理一筹莫展时，餐厅经理采取了一系列有效的应急措施，化危为机。

他首先调整了菜单，将第一道菜改为热腾腾的肉汤，让客人一入座就能感受到暖意。接着，他机智地将用餐地点从冰冷的餐厅改为装饰着红色窗幔的休息厅，让环境看起来更加温馨。他甚至清理了大型植物的花盆并在其中倒入可燃液体，将其作为临时取暖的火炉。最后，他让人把二十多块砖放进锅炉里烤热，用绒布包裹起来，放在客人的脚下取暖。这些措施让美国客人在用餐过程中非常满意，无人察觉到餐厅的供暖问题。

设想一下，如果这批美国客人来到酒店，在冰冷的餐厅用膳，冻得瑟瑟发抖，当他们寻求帮助时，却只得到"酒店供暖系统坏了，只能如此"的答复，虽然他们可能会因为这是不可控因素而不责怪酒店，但这场扫兴的晚餐足以让他们对这家酒店失去好感。在未来的旅程中，他们不会再选择这家酒店。

交付能力是企业的核心竞争力，也是决定个人事业发展的核心竞争力。在职场中，谁解决问题的能力强，谁就更容易胜出。

A和B是某公司同一年招聘的应届毕业生，他们进入了同一个部门。A毕业于某985名校，是典型的学霸，成绩名列前茅；B毕业于某省的普通大学，当过学生干部，社会活动能力强，成绩中等偏上。按照正常逻辑，A在智商方面应该比B胜出一筹。

虽然毕业学校和成绩是进入职场的敲门砖，可是一旦进入职场，竞争优势更多地体现在个人的综合能力上。谁在解决问题方面表现突出，谁就能在职场上脱颖而出。

几年后，一个升职机会摆在两人面前，他们中的优胜者将获得晋升。为体现选拔的公平性，总经理开始有意识地给他们安排相似的工作，以考查他们的综合表现：公司近期有个招商会，总经理给他们各布置了一个重点项目，让他们各自准备PPT。

领到任务后，A就开始迫不及待地投入工作，搜集资料，查找文件，统计数据，然后开始做PPT。经过"白加黑"式加班，他终于完成了任务。

B领到工作任务后，并没有急于动手，而是站在领导的视角上进行系统构思，谋篇布局，拟出写作提纲。趁总经理有空时，他还主动到办公室与领导沟通交流，深入了解领导的需求。然后，他才开始做PPT。

看到A的PPT时，总经理说："看出来你用心了，也下功夫了"。然后他话锋一转，"但有些内容太过具体，不适合我讲，可以放在销售总监的PPT中。而且有两个方面漏掉了，需要再完善一下。"

看到B的PPT后，总经理则频频点头："我考虑的全都体现了，我没有考虑的也都有了，而且设计精美、图文并茂，相当不错。"

在首轮较量中，B以压倒性优势获胜，而A对此结果心有不甘，认为自己输在了未能及时与总经理沟通和信息不对称上。紧接着，总经理给他们安排了一项新任务：两个分公司的大学生离职现象非常严重，需要他们去现场了解情况。

A迅速制作了访谈提纲，并开始联系调研事宜。然而，他发现被调研单位所在地区突发聚集性疫情，该区人员需要居家办公，他认为这完全是不可抗力因素，于是暂时搁置了任务。A从上次的经验中吸取教训，及时向总经理汇报了情况，并承诺："一旦疫情有所好转，我会立即赶往现场。"

同样的情况下，B也面临着无法现场调研的困境。但他并没有就此放弃，而是迅速行动，拿到了大学毕业生通信录，通过视

频通话的方式与大学生代表、人力资源部经理和分公司总经理等
相关人员进行了深入交流，探讨问题的根源，并商讨解决方案。
访谈结束后，B还主动到人力资源部了解全公司大学生的离职情
况。当得知有一家分公司在大学生管理方面颇有建树，他决定临
时增加一次访谈，深入了解他们的做法。这一举动使B掌握的素
材更加丰富，他不仅完成了总经理安排的任务，还主动进行了额
外的调研，并建议在管理出色的分公司召开现场会，分享经验。

B再次超出总经理的预期，而A仍在等待疫情好转。在这场
较量中，谁解决问题的能力更强，一目了然。

• 理论逻辑

交付能力即执行力，是指能够提供可用性、完整性成果的
能力。

某公司有两位行政助理，接到了领导任务：为参加展会，
要买三张第二天去北京的动车车票。这两位助理查了第二天的车
次，发现票已经卖光了。第一位行政助理直接回复领导，说由于
太晚买票，目前买不到票，只能再刷刷售票软件，看看后续有没
有票放出来。第二位行政助理找到领导说明情况后，提出以下四
个备选解决方案，让领导做"选择题"。

方案1：用抢票软件继续刷，同时找票贩子加价，大概每张
加价100元，下午应该能拿到票。

方案2：换个地点换乘，可以买到票，但时间会多4小时，价格每人多200元。

方案3：改乘飞机，每个人的费用会多800元，但时间能缩短1小时。

方案4：包车过去，总体费用会多1000元，时间会多4小时。

谁的"交付能力"强，一望而知。

· 启智增慧

在工作中，我们难免会遇到各种困难和问题。这时，优秀的人往往会积极地寻找解决方法，全力以赴地提升自己的交付能力；而平庸的人则总会为无能寻找借口，解释自己的无辜，以逃避责任。市场不相信眼泪，借口只是失败者的脱身术，赢得尊重的最好方式是用实力说话。

马克思的墓碑上刻着一句话："哲学家只是用不同的方式解释世界，但关键在于改变世界。"衡量一个人价值的关键不在于他解释得是否完美，是否能自圆其说，而在于他解决问题的实力，以及交付能力的强弱。谁的交付能力强，谁的核心价值就越大，谁就可能得到更多机会的青睐。面对工作中的一些失误，当你不再急于向别人解释证明自己的无辜，而是把承受的委屈都化为提升交付能力的行动时，那就是你变优秀的开始。

提升交付能力有两个主要维度。一个是个人交付能力，即专注于自己的专业领域，成为该领域的专家，用专业知识解决问题，并在规定时间内提供令人满意的结果。另一个是整合交付能力，即通过整合内外资源，利用团队和合作伙伴的力量共同实现目标。

而作为管理者，仅依靠个人努力是远远不够的，关键在于激发团队潜力，通过下属的业绩展现自己的领导能力。优秀的管理者各有千秋，但他们共同的点是擅长借助他人的长处来弥补自己的短处。

相传刘邦在战胜项羽、夺取天下后，总结自己的成功经验时，说了一段发人深省的话："我策划谋略不如张良，安抚百姓、供给军需不如萧何，指挥军队作战不如韩信。但这三位都是人中之杰，我能任用他们，这就是我得天下的原因。"这段话道出了整合交付能力的真谛。

当你将工作视为使命，自觉追求工作的意义，你就会"不待扬鞭自奋蹄"，去享受工作的乐趣。这时，你的心灵也会发生奇妙的化学反应，进而产生强大的精神动力，并能从中获得快乐和成就感。

"最强扫地僧"张旭：
把工作看成使命，人生自然不同

● 案例故事

"这叫嗢怛罗曼怛里拏洲，那叫舍谛洲，那下边有遮末罗洲、筏罗遮末罗洲、提诃洲……""天洁塔、地灵塔、吉祥塔、皆莲塔……"如此专业的介绍既不是来自导游，也不是来自学者，而是出自颐和园的保洁员张旭之口。

2023年10月，张旭因为一段"贯口"视频刷屏网络，被《人民日报》《光明日报》等各大主流媒体报道。在视频中，这位身着蓝色环卫工作服的保洁员一边指着各个建筑，一边滔滔不绝地向游客介绍。他把19座建筑一一报上名来，引来游客一阵掌声。这些地名别说记住，一般人甚至都念不出来。有网友说这是真正的"高手在民间"，有网友说这才是现实版的"最强扫地僧"。

张旭走红后，许多读者好奇，一位名不见经传的保洁员，为何能将这些佶屈聱牙的名称如数家珍？如此巨大的反差，自然会引发网友的关注。伴着张旭的持续走红，他的故事也被人挖掘了出来。

张旭是北京延庆人，时年40岁，来颐和园工作近两年。他之所以对颐和园了如指掌，源自他对古建筑的热爱。张旭的父亲从事建筑行业，他从小耳濡目染，对各种建筑感兴趣。而对古建筑的兴趣，则来自故宫。"第一次去故宫，看到故宫里宏伟的建筑，彩绘、斗拱、屋顶，都特别精美，一下就被打动了。"此后，这份热爱就深深埋在了他的心里。

张旭做过保安，当过建筑工，岁月辗转，唯一没变的是对古建筑的热爱。"总觉得特别亲切，我特别喜欢古朴的建筑和景色，越古老越喜欢，那种特别的感受很难用言语来表达。"提及心中所爱，张旭声音中满是激动。

对张旭来说，来颐和园是一种特别的缘分。小时候他来这里游玩，长大后他成了这里的一员。张旭"每天早上一到这里，就总觉得自己已经融入园子中，觉得自己就是园子里的一颗石头"。

从上岗那天起，张旭就开始了他的研究。工作的同时，他会仔细凝望颐和园里的一砖一瓦、一草一木。在颐和园，从古建筑到楹联、匾额，都是他的研究对象。张旭说："活到老，学到老，来到颐和园就更要学习颐和园，这样才不算白来"。

每天下班后，张旭就一头扎进书堆查阅资料，一点点研究对比，再到颐和园进行验证，"问题搞不明白都睡不好觉"。他偶尔会为游客介绍景点，"说出来的话要负责任，不能误导游客。"

不仅游客，同事也惊叹于他的专业讲解。"我们平时就觉得他工作特别认真，也知道他爱看书，但没想到居然研究得这么深入。"颐和园服务队的韩队长说。

一件平常的事火了，背后一定有不平常的故事。这位"扫地僧"不仅是"扫地"，而且将"扫地"看成自己的使命，看成自己潜心用功的练兵场和释放热爱的大舞台。

在张旭的眼中，颐和园的古建筑不是死气沉沉的砖头瓦块，也不是一个个独立的楼台亭阁，而是一个个积淀着厚重文化而且开口说话的朋友，一个个浑然一体的代表着东方建筑美学的人间奇迹。他打扫的是现代人留下的垃圾，更是在为老祖宗给我们留下的经典拭去历史的尘埃。

• 理论逻辑

美国耶鲁大学心理学家艾米·瑞斯尼斯基曾经做过一项研究，她想看看人们怎么看待自己的工作。根据人们对待自己工作的价值观，她将人们的价值观分为了三大类。

1. 把工作当"差事"（Job）

拥有这种观念的人迫于生计，不得不工作，他们单纯把工作当成赚钱谋生、养家糊口的手段。一般来说，这类人工作的积极性和满足感都不高，拨一拨、动一动，办一件事、拿一份钱。工作对他们来说，不是"我要做"，而是处于"要我做"的层次。

2. 把工作当"职业"（Career）

这种人工作不仅是为了赚钱，也会关注升职的机会和事业的发展。"职业"代表着更深的连接感，人们提供劳动力的同时，也收获了物质和精神上的满足感。这类人工作特别上心，善于设定目标，并恪尽职守，不断精进。但是，一旦达不到预期目标，他们特别容易焦虑失望。

3. 把工作看成使命（Calling）

这类人感知到被召唤，积极主动去工作，甚至不惜牺牲生命。他们通常把工作看成使命，工作不是给公司做的，而是给自己做的，自觉地将每一次任务都当成一次砥砺本领的机会。工作对他们来说是需要，而不是折磨，是"我要做"，而不是"要我做"。他们对工作充满热情，也在工作中感受到了岁月的充实和成长的快乐。

前两类人工作的驱动力还停留在物质层面，而第三类人的工作则更多来自自驱力。第一类人把工作当差事，在意的是涨工资；第二类人把工作当职业，在意的是升职；而第三类人把工作当使命，在意的是从工作中感受到意义。

● 启智增慧

与瑞斯尼斯基提出的对工作的三种价值观如出一辙的是，"现代管理学之父"彼得·德鲁经常谈及的三个石匠的寓言故事。

有人问三个石匠他们在做什么。第一个石匠回答说："我在谋生。"第二个石匠边敲石块边回答："我在做全国最好的石匠活。"第三个石匠抬起头来，带着憧憬的眼神回答说："我在建一座大教堂。"

其实，第一个工匠正好对应的是第一类人，把工作当"差事"；第二个工匠正好对应的是第二类人，把工作当"职业"；第三个工匠正好对应的是第三类人，把工作当"使命"，德鲁克称这类人才是管理者。

一个人的工作价值观，就是他的人生格局。他有什么样的认知，就会愿意付出多少努力，也会得到对应的结果。

当你将工作当差事敷衍，得过且过，能偷懒绝对不卖力，能糊弄绝不多下功夫，那么久而久之，你就会变成敲钟的和尚，"当一天和尚撞一天钟"，你的职业能力也将原地踏步，甚至逐步退化。

反之，当你将工作视为使命，自觉追求工作的意义，你就会"不待扬鞭自奋蹄"，每天早上迫不急待地睁开双眼，去享受工作的乐趣。这时，你的心灵也会发生奇妙的化学反应，进而产生强大的精神动力,并能从中找到快乐和成就感。

工作是可以被重塑的,有些看似简单平凡的工作,做的人一旦将自己付出的努力与更远大的目标关联起来,把个人的贡献与组织长期发展的使命和愿景结合起来,就可以被赋予别样的意义。

据说,约翰·F.肯尼迪访问美国国家航天局时,看到了一个拿着扫帚的看门人,扫得十分认真,一丝不苟。于是他走过去问他在干什么。看门人十分自豪地回答说:"总统先生,我正在帮助把一个人送往月球。"

显而易见,这位看门人并没有简单地把自己看成一个打扫卫生的杂役,一个可有可无的角色。尽管他人微言轻,但是他具有宏大的视角,能够看到自己的工作与宏伟蓝图之间的关联,认为自己的工作是为载人登月计划提供服务和支撑的,具有相当不一样的价值。

心理学教授安德斯·埃里克森通过研究发现，决定某人在某个行业领域水平的关键因素，既不是天赋，也不是经验，而是刻意练习的程度。刻意练习包含四个关键要素：一位优秀的导师，定义清晰的目标，走出舒适区，以及科学的反馈机制。

《摔跤吧！爸爸》：刻意练习成就冠军之路

• 案例故事

电影《摔跤吧！爸爸》根据印度摔跤手马哈维亚·辛格·珀尕（也译为马哈维尔·辛格·珀尕）的真实故事改编，讲述了曾经的摔跤冠军马哈维亚培养两个女儿吉塔、巴比塔成为女子摔跤冠军、打破印度传统的励志故事。其实，电影中她们成功的关键秘诀是一个词：刻意练习。

这个词出自安德斯·埃里克森的著作《刻意练习》。将这本书与电影联系起来看不难发现，电影所展现的训练过程和书中所讲述的训练方法出奇地一致。正如作者所说："不论在什么行业或领域，提高表现与水平的最有效方法，全都遵循一系列普遍原则。"

第一，她们最大的幸运在于有一位好爸爸、好导师。

吉塔和巴比塔这两位女主角无疑是幸运的，她们拥有一位既是摔跤冠军，又是出色导师的父亲——马哈维亚。他不仅技艺超群，更懂得如何传授技巧、激发潜能。

一个偶然的机会下，马哈维亚发现了女儿们在摔跤方面的天赋，便义无反顾地开始对她们进行严格的训练。他的训练不仅限于技术层面，更深入精神层面，帮助孩子们建立自信，培养毅力和决心。在他的指导下，吉塔和巴比塔得以快速成长，技能与心态都得到了极大的提升。爸爸不仅帮助她们填补了技能上的空白，更在关键时刻给予鼓励和反馈，这是任何自学成才的人所无法比拟的。

马哈维亚在培养女儿摔跤的时候，有一套自己独有的方法。虽然他内心急切地希望女儿们能成为摔跤界的佼佼者，但他明智地选择了从基础做起，不急于求成。他的训练计划从最基本的热身运动开始，包括跑步、俯卧撑等，逐步打好女儿们的体能基础。

在一场世界级赛事中，凭借敏锐的洞察力，马哈维亚精准地指导女儿吉塔的攻守策略。然而，在金牌争夺战的决赛中，即使是经验丰富的他也感到了一丝迷茫。在这个关键时刻，激发吉塔内心深处的力量变得尤为关键。于是，在决赛的前夜，马哈维亚深情地对吉塔说出了这样一段鼓舞人心的话："明天，你不仅仅是与澳大利亚选手对决，你还在挑战所有轻视女性的人。因为明天的胜利，将不属于你一人，而是属于成千上万的女孩子们。那些坚持认为女孩子不如男孩的偏见，将会因为你的胜利而彻底沉默。"

第二，要有明确的目标，并坚持不移走下去。

树立明确的目标是训练的前提。电影一开始，我们就能感受到这位父亲有非常明确的目标：培养自己的女儿成为世界冠军。为了实现这个目标，他不顾周围人的横眉冷眼和当时社会的世俗偏见，下定决心对两个女儿进行魔鬼式的训练。在这一过程中他经历了很多挫折，比如周围人的嘲笑和家人的不理解。但是，不管遇到什么挫折，马哈维亚始终没有改变目标，而是不断克服重重阻碍，最终带领女儿登上了世界冠军的宝座。

第三，不断脱离舒适区，实现持续精进。

当你在自己擅长的领域过得十分舒适时，要勇于脱离舒适区，勇敢迈出改变的第一步。要激发潜力、快速成长，这是必经之路。

在电影中，为了帮助女儿们实现夺冠的梦想，父亲马哈维亚制订了严苛的训练计划。他要求她们每天早上五点起床进行长跑训练，禁止她们食用油腻和辛辣的食物，甚至剪掉了她们的长发。这对女孩子来说无疑是巨大的挑战，他们的父女关系也因此一度陷入几乎破裂的境地。

　　这时，失落的女孩们被闺蜜的一番话点醒了："我倒是希望上帝能给我一个这样的父亲，他把你们当成自己的孩子。不像我，从小就开始做家务，为了减轻家里的负担，14岁就被迫嫁给一个从未见过面的男人。一辈子生孩子、洗衣做饭，这就是我们大部分女人的命运。"女儿们突然理解了父亲的良苦用心，于是，她们开始积极主动地配合父亲的安排，她们的能力也自然快速地提高了。当她们能轻松战胜表哥时，父亲就带她们去参加比赛，和男生比赛，与专业选手过招，一路过关斩将，最终获得了进入国家队的资格。这其实就是勇于走出舒适区，去寻求更强的对手，激发求胜的欲望，从而获得持续进步。

　　吉塔获得全国冠军后，离开父亲来到了国家训练中心继续深造，接受国家队教练的专业指导。可也是从那时候起，她不自觉地进入了舒适区：不再对自己严格要求，蓄长发，吃辛辣食物，涂指甲油，约会，聚餐，看电影，训练怠慢，甚至认为父亲那一套办法已经过时了。当她开始放纵自己，失败也悄然而至。在接下来的世界级比赛中，等待她的就是接连失利、首轮就被淘汰的处境。

第四，寻找反馈，逐步建立自我监测的心理表征。

　　当有了明确的目标和脱离了舒适区后，要想让自己的成长走在正确的路上，还缺不了很重要的一环：寻求反馈。幸运的是，两个女儿在训练过程中获得了最好的反馈——父亲的指导和帮助，他纠正她们的每一个动作，给予她们信心和鼓励，避免她们走弯路。

电影中有一个令人难忘的细节。在世界锦标赛的关键时刻，吉塔的教练和她的父亲同时给她提供了现场反馈，但这些反馈意见有时会相互冲突。吉塔一度陷入了困惑，不知道该听从谁的指导。然而，现实教会了她，父亲的指导是正确的，也是最适合她的。最终，吉塔赢得了比赛。

当然，优秀的教练不仅能提供技术上的指导，更重要的是可以给予精神上的支持，唤醒运动员内在的动力。吉塔在世界冠军决战的最后22秒，面对比分落后的不利形势，回想起父亲的话："爸爸不可能随时来救你，爸爸只能教你，后面的路得靠你自己走。能救你的只有你自己。"那时，父亲被关在小黑屋里，吉塔失去了父亲的现场指导，但凭借父亲的言传身教，她依然能够沉着应对，扭转局势，创造了奇迹，在世界体育舞台上留下了浓墨重彩的一笔。

● 理论逻辑

"刻意练习"是佛罗里达州立大学心理学教授安德斯·埃里克森提出的学习方法。他通过研究发现，决定某人在某个行业或领域水平的关键因素，既不是天赋，也不是经验，而是刻意练习的程度。刻意练习包含以下四个关键要素。

1. 一位优秀的导师

刻意练习的技能应当来自一个公平竞争且成熟的行业或领域。在这一行业或领域中，已经发展出一整套高度发达的技能训练方案，可以有效帮助新手，使其表现水平逐步接近杰出从业者。如果在练习的路上有一位优秀的导师，成效自然是事半功倍的。

2. 定位清晰的目标

"不积跬步，无以至千里。"遵循刻意练习的原则，我们应当确立明确的目标，并制订详细的计划，通过一系列微小的改变逐步积累，最终实现所期望的显著进步。这种方法的优势在于，它能够持续展现实质性的进步，将漫长的旅程分解为一系列可管理的目标，使每次的努力都聚焦于实现下一个目标。

3. 走出舒适区

舒适区让人安逸，安逸使人退步。如果想把事情做到最好、精益求精，就要主动离开舒适区，找到自己的能力边界，学会突破它。如果你从来不迫使自己走出舒适区，便永远无法进步。刻意练习要求不断尝试那些刚好超出自己当前能力范围的任务，需要投入百分之百的专注和努力。这时，保持动机就成为最大的难题。

4. 设计科学的反馈机制

刻意练习需要获得反馈，以及为应对反馈而进行的调整，这是强化练习效率的关键。所谓科学反馈就是要做到及时、直接和积极。在练习过程早期，反馈主要来自导师。随着时间的推移，你必须学会自我监测练习效果，及时发现错误并纠正。

• 启智增慧

马尔科姆·格拉德韦尔在其理论中提出，所谓的"天才"之所以卓越，并非因为他们天生就有过人的天赋，而是因为他们通过不懈的努力和持续的练习，将10000小时的投入转化为卓越的成就。这一理论认为，10000小时的专注练习是任何人从平凡走向世界级大师的必经之路。

其实刻意练习和"10000小时定律"有相通之处。诚然，刻意练习离不开大量的练习。凡事贵在坚持，如果没有日复一日、年复一年的努力和积累，"三天打鱼，两天晒网"，就算有再好的方法也无济于事。实践证明，坚持练习才是通往成功之路的必要阶梯，任何技巧也无法代替大量的练习。

也许有些人会问："我工作已经超过10000小时了，为什么迟迟没有成功？"还有一个类似的段子，一个员工向老板提出加薪，理由是"我已经有10年的工作经验了"，老板说："你究竟是有10年的经验，还是把一年的经验用了10年？"实际上，有很多人只不过是用了10000小时的时间做事而已，他们只是在低水平地听话照做、不断重复，增加的只是工龄。

所以，刻意练习并不是简单重复的练习，也不是工作经历的水到渠成，而是量的积累与质的提升相结合，大量练习与持续精进相统一，更强调训练的充分性和有效性。

当前，RAMP原则正在一些企业中推广实践，主要用来帮助员工在逆境中成长，在简单重复的工作中精进。这一原则基于四个核心支柱：建立支持性关系（Relationships）、赋予自主权（Autonomy）、追求精通（Mastery）和寻找目的（Purpose）。首先，建立支持性关系的核心是"分享可以带来快乐，也能减轻问题"。拥有支持和理解你的上司与同事，会让工作更加轻松。其次，赋予自主权是关键。专业人士对自己的工作感到自豪，不喜欢被过度管理。作为领导者，减少对他们的管理，适当授权，能更好地激发他们的工作热情。第三，追求精通是成长的必经之路。如果当前的技能已经满足不了工作需求，且没有为更上一层楼做好准备，那么你很难成长。因此，投资自己，不断学习是关键。最后，找到意义至关重要。意义是工作最高级的内核，也是让你不断努力的最强动力。

福流是一种让人心情愉悦、特别高产的巅峰状态，可以极大地激发内在潜能，显著提升生产力。麦肯锡公司的研究发现，当员工处于福流状态时，他们的效率最高能提升5倍。这是一个非常疯狂，甚至令人难以置信的统计数字，也为管理者提升劳动生产率提供了新的视角：如果能让员工在工作时进入福流状态，那么绩效就会成为自然而然的附带产品。

"庖丁解牛"：享受工作中的澎湃福流

● 案例故事

"庖丁解牛"是《庄子·养生主》中一个脍炙人口的故事。宰牛的屠夫庖丁，在从事自己所熟悉和喜爱的工作时，将血淋淋的屠宰过程演绎成了酣畅淋漓的"个人演奏会"，达到了一种超凡脱俗的境界。

庄子在原文中写道："庖丁为文惠君解牛，手之所触，肩之所倚，足之所履，膝之所踦，砉然向然，奏刀騞然，莫不中音。合于《桑林》之舞，乃中《经首》之会。"

在庖丁的眼里，没有骨头，没有肉，也没有血，只有专注娴熟的工作，还有音乐、节奏和快感，仿佛合上了《桑林》《经首》的节拍。这幅节奏有序、精彩纷呈的画面，给人一种出神入化的感觉。

梁惠王在一旁看呆了，在震撼之余，情不自禁地向庖丁请教："嘻，善哉！技盖至此乎？"

庖丁释刀对曰："臣之所好者道也，进乎技矣。始臣之解牛之时，所见无非牛者；三年之后，未尝见全牛也。方今之时，臣以神遇而不以目视，官知止而神欲行。依乎天理，批大郤，导大窾，因其固然，技经肯綮之未尝，而况大軱乎！良庖岁更刀，割也；族庖月更刀，折也。今臣之刀十九年矣，所解数千牛矣，而刀刃若新发于硎。彼节者有间，而刀刃者无厚；以无厚入有间，恢恢乎其于游刃必有余地矣！是以十九年而刀刃若新发于硎。"

在庖丁刚开始从事宰牛工作的时候，像其他师傅一样，他看到的是一头完整的牛，三年后，他看到的就是牛的身体结构，对牛的各个部件可以做到了然于心。这样，顺着牛的身体结构用刀，把刀砍入牛体筋骨相接的缝隙，就可以做到毫不费力、游刃有余，不会碰到一点障碍，可谓连贯流畅、一气呵成。因此，他手中的刀从未换过，已经连续使用了19年，相继屠宰了数千头牛，却依然完好无损、宝刀不老。

更难能可贵的是，经验丰富的庖丁并没有因为自己技术炉火纯青就掉以轻心，或产生职业倦怠，而是永葆敬畏之心，时刻有一种如履薄冰的谨慎，"虽然，每至于族，吾见其难为，怵然为戒，视为止，行为迟，动刀甚微。謋然已解，如土委地。提刀而立，为之四顾，为之踌躇满志，善刀而藏之"。

文惠君听完庖丁这一席话后醍醐灌顶，赞叹道："善哉！吾闻庖丁之言，得养生焉。"

匈牙利籍心理学家、积极心理学奠基人之一米哈伊·奇克森特米哈伊（也译为米哈里·契克森米哈赖）教授将庖丁这种出神入化的解牛之术，归结为心流现象，并在其代表性作品《心流：最优体验心理学》中引用了这个案例故事，将"臣以神遇而不以目视，官知止而神欲行"翻译为"Perception and understanding have come to a stop and spirit moves where it wants"。

在接受积极心理学博士晏卿的采访时，米哈伊教授再次谈到了"庖丁解牛"。他在采访中说道："我觉得它们（心流与东方文化或东方哲学）之间有很多联系。我并不是研究东方文化的专家，但是当我撰写关于心流的文章时，我们中的一位作者、印度加尔各答大学的教授曾对我说：'你读过《薄伽梵歌》吗？它是一部印度史诗，讲的是一个战车的御车者，他不知道坐在自己身后战车里的那个人就是毁灭之神湿婆，因为湿婆扮着人的面孔，他正要去跟印度另一个种族开战。战车御车者一边驾车，湿婆就一边在教导他要如何生活。他说的话听起来简直就像是心流。'"

实际上与"庖丁解牛"类似的心理状态在日常工作生活中还有很多，比如：

书画家作书画时把自己关在画室里，长时间沉浸其中，不但不感觉孤独，还不愿被打扰，废寝忘食，内心有高度的兴奋感及充实感；

喜欢摄影的人，遇到美丽的风景，为了拍一个角度可以半天不动，拍了又拍，完全不怕日晒雨淋，不惧严寒酷暑，直到拍到满意的照片为止；

喜欢运动的人，进入一定状态之后，会感觉神清气爽，精力充沛，甚至会产生上瘾的感觉。

当我们在做一件喜欢的事情时，忘掉了时间，忘掉了空间，忘掉了自我，达到了一种天人合一、幸福酣畅的境界……

• 理论逻辑

米哈伊教授调查了600多名各行各业的佼佼者后发现，他们普遍能够将自己的事业做到极致，不是因为他们的智商、情商、学历等比别人高多少，而是因为他们在做自己特别喜欢的事情时能全神贯注，沉浸其中，物我两忘，心无旁骛。

米哈伊把这个体验叫作Flow。有人将Flow翻译成"心流"，清华大学彭凯平教授将其翻译为"福流"。我个人觉得"福流"是音近、意近、神近，翻译更贴切。福流主要有六个特征。

1. 注意力完全集中

理想状态下，注意力应高度锁定在正在做的这件事上，全神贯注。

2. 意识和行动融为一体

辛弃疾有一句很著名的词："我见青山多妩媚，料青山见我应如是。"你已经忘记了自己，感觉不到世界的存在，完全融入这件事之中，此时不知是何时，此身不知在何处。

3. 内心评判的声音消失

我们在日常状态下，大脑中总有个声音在对自己做各种评判。比如你画一幅画，这一笔下去到底好不好？你跟人说一句话，这句话说得对不对？你大脑中总有个声音在评价你自己：这一笔有点重，那句话说得不妥啊……而在福流状态下，那个声音消失了。此时，你不太在乎别人的评价，也不在乎最后的结果。

4. 时间感消失

你忘记了时间的流动。这个特征的一般表现为时间加速，明明已经过了几小时，你还以为只过了几分钟；明明过去了三年，你还感觉如同昨天一样。它还有可能表现为时间冻结，比如你在海面上冲浪，或者做别的什么高难度的体育运动，明明只是一瞬间的事，却能非常切实地感觉到那一瞬间的丰富体验，好像慢镜头一样一帧一帧地在脑中回放，你感到时间很长。变快也好变慢也罢，这个现象都叫"深度的现在"：你就如同永远停留在了现在。

5. 强烈的自主感

这一特征表现为做事时驾轻就熟，有很强的掌控感。你感觉自己完全掌控了局面，而这个局面恰恰又是平时不可掌控的。比如一个篮球运动员，手感来了，怎么投球都能进，就好像球被自己驯服了一样……这一刻你就是自己命运的主人。

6. 强烈的愉悦感

"爽"还不足以形容那种愉悦感的丰富性，反正是特别高兴，特别满足，特别自得其乐，特别酣畅淋漓，"这感觉，够爽"。

• 启智增慧

福流是一种让人心情愉悦、特别高产的巅峰状态，可以极大地激发内在潜能，显著提升生产力。麦肯锡公司的研究发现，当员工处于福流状态时，他们的效率最高能提升五倍。这是一个非常疯狂，甚至令人难以置信的统计数字，也为管理者提升劳动生产率提供了新的视角：如果能让员工在工作时进入福流状态，那么绩效就会成为自然而然的附带产品。

要打造一个洋溢着福流的职场，管理者要率先垂范，知行合一，让自己进入福流状态，然后影响并带动团队一起打造幸福职场。可以尝试从以下四个方面着手：

一是明确清晰的目标，想方设法让员工忙起来。当我们知道自己需要达到什么目标，得到什么结果，意识到有什么样的目的时，我们更容易产生福流体验。

心理学家曾做过这样一个实验：付费给一些大学生，要求他们什么都不做。4到8小时后，这些大学生开始感到沮丧，尽管参与研究的收入非常可观，但他们都选择放弃继续参与。

为什么不干活反而感觉不爽呢？米哈伊通过调查发现：工作时获得福流体验的可能性（54%）远高于在休闲时获得福流体验的可能性（18%）。他说："人类最好的时刻通常是在追求某一目标的过程中，把自身实力发挥到淋漓尽致之时。"

二是及时跟进，给予即时和明确的反馈。越是反馈及时的工作，越是让人容易进入心流状态。有调查显示：外科医生比内科医生更容易获得心流体验。很多外科医生表示给多少钱也不干医院其他科的工作。他们认为：内科治疗常常看不清目标；神经科的目标更模糊，常常十年才能治好一个病人。除了目标清晰，外科医生在诊断与手术中会不断得到回馈，比如伤口是否流血、骨头有没有接好、肿瘤有没有切干净等，这样，效果肉眼可见，成果很快见分晓。通过及时评估进展，外科医生可以全神贯注地继续工作，并与患者形成良性互动。

　　管理者在安排完工作后，也要及时跟进下属的进度，并给予即时和明确反馈。这样有助于下属及时纠正错误、调整方向，确保工作顺利进行。要知道，反馈本身就是一种动力，没有反馈的工作，便会死气沉沉。所以工作中，要及时反馈调整，避免反复碰壁消耗精力。

　　三是设定技能和挑战的完美比例。事情的难度系数不能太大，也不能太小，要找到个人技能水平和事情挑战难度之间的平衡点，正如哲学家伯特兰·罗素所说，"真正令人满意的幸福总是伴随着充分发挥自身的才能来改变世界"。如果太简单，人们可能会感到乏味甚至无聊；如果太有挑战性，人们可能会焦虑甚至气馁。相关研究表明，挑战的难度高于能力的5%～10%时，人们的技能水平和挑战难度处于一种最佳匹配状态，这时人们最容易沉浸其中，调动全部能量完成挑战，且更容易产生福流。

　　一些激励做得比较好的企业往往会利用这一原理，制定目标时既不让大家去摘星星，又不让大家触手可及，而是制定一个跳一跳可以摘桃子的目标，这样激励效果是最好的。

　　四是给予员工更多的自主度，创造一个更加和谐、愉快的工作环境。匈牙利诗人裴多菲有首经典名诗："生命诚可贵，爱情价更高。若为自由故，二者皆可抛。"自在是最好的状态。能否自主掌控工作和生活，对一个人的幸福体验非常重要。一些一流的企业不再时时管理下属、处处控制员工，而是实行弹性工作制，给予他们更多的自由时间，激发他们工作的自觉性。

在2024年的中国超市周论坛上，胖东来的创始人于东来分享了一个引人瞩目的消息：胖东来再次为员工增加了10天的"不开心假"。 胖东来希望通过给予员工更多的自主权和休息时间，为员工创造一个更加和谐、愉快的工作环境。

于东来强调，对于员工的这种请假申请，管理层是绝对不能拒绝的。一旦拒绝，就意味着违反了公司的规定。他表示，公司希望员工能够自由地决定自己的休息时间，让每个人都能在工作之余得到充分的放松和调整。

五

人际关系：打造良好的团队生态体系

人的本质在其现实性上是一切社会关系的总和。人际关系是不可忽视的生产力重要变量，其重要性远远超乎想象，比金钱、颜值和地位更能影响一个人的幸福指数。好的人际关系是能够给人持续带来能量、带来温暖的。幸福领导力要求管理者不仅正确处理上下左右的关系，还要打造温馨和谐、有竞争力的团队。

美国商业哲学家吉姆·罗恩曾经提出著名的"密友五次元理论"：你的财富和智慧是与你亲密交往的五个朋友的财富和智慧的平均值。离你最近的那些人的言行举止都在不知不觉中影响着你的人生方向，决定你的人生高度。

密友五次元理论：
你的圈子决定了你的人生高度

● 案例故事

知名投资公司总裁B总在一次乘坐国际航班时，偶遇了一位年轻人。这位年轻人坐在他旁边，貌不惊人。他主动与B总攀谈，称自己虽然毕业于普通院校，但能力不逊色于一流大学的毕业生。面对频频登上媒体的风云人物，这位名不见经传的年轻人表现得不卑不亢。他谈吐流畅，知识面广泛，从世界局势到历史人物，再到管理和社会发展，都能侃侃而谈。

起初，B总只是抱着打发时间的态度，随便和这位"有点意思"的年轻人聊聊。但是当他听到年轻人的一些见解竟然和自己不谋而合时，一种"英雄所见略同"的好感便油然而生。于是，他开始对年轻人说的项目产生了兴趣，并表示"这或许是一个可以考虑的投资项目"。

如此一来，年轻人聊得更起劲了，他兴奋地向B总描述了自己心目中的未来商业帝国。他认为自己正在打造的集航空物流、金融支付、融资租赁、商贸流通于一体的商业模式，将伴随着电商出海的东风，在不久的将来超越阿里巴巴，成为未来航空界的特斯拉、供应链的亚马逊。

B总开始认真起来，脑中不由得浮现出这样一个画面，"他可能是个'绩优股'，这说不定是一个很好的投资机会"，但是，他对这位年轻人仍持半信半疑的态度，毕竟他从事投资这么多年，什么样的创业者没见识过。他清楚地知道，有些创业者王婆卖瓜，自卖自夸，把自己的项目说得天花乱坠，而实际却是花架子，不过是骗资本的伎俩而已。可是，他感觉这位年轻人与那些骗子有些不一样……他正思量着如何跟进这个项目时，飞机已经开始平稳降落。

这时，年轻人似乎看透了B总的心思，他恰到好处地发出了邀请："B总，我的公司就在机场附近。现在正好快到晚餐时间，您如果方便的话，就到我们公司看看，给我们指导一下，然后和我的创业团队一起吃个便饭。"

B总不假思索地就答应了，随后跟随年轻人来到现场调研。他惊喜地发现，在这个刚成立两年的公司里，除了作为创始人的年轻人有些不着边际外，其余六个股东都相当靠谱，他们有久经沙场的商战老手，有意气风发的名校精英，也有善于落地执行的运营专家，以及手握核心商业资源的交际高手，而这些堪称"马中赤兔、人中豪杰"的股东都不约而同地甘居下风，尊崇这位年轻人为"董事长"。

随后，B总和年轻人的核心创始团队共进晚餐，边吃边聊，聊到尽兴处，B总当场表态："年轻人，这个项目我决定投资了，你这些善于落地执行的卓越合伙人打消了我的顾虑，你能把这些优秀的人才笼络在一起，也坚定了我认为你是一个不可多得的商业奇才的判断。"

其实，B总是个谨慎的投资人，多年来，他一直恪守"战战兢兢，如履薄冰"的投资理念，他投资的公司也一直保持稳健发展。他这次一反常态，看似拍脑袋做出的感性决策并不是因为喝得开心，意气用事，而是慧眼识英雄，其背后有着深刻的理性逻辑——这就是著名的"密友五次元理论"。

● 理论逻辑

美国商业哲学家吉姆·罗恩曾经提出著名的"密友五次元理论"：你的财富和智慧是与你亲密交往的五个朋友的财富和智慧的平均值。这就是人们常说的"物以类聚，人以群分；近朱者赤，近墨者黑"。

你是什么样的人，就会进入什么样的圈子。而进入什么样的圈子，也关系到你会接触到什么样的人，特别是离你最近的那些人，他们的一言一行、一举一动，将在不知不觉间影响你的人生走向，决定你的人生高度。

• 启智增慧

"密友五次元理论"表明，圈子的重要性不言而喻。你跟谁交往，就会成为什么样的人。离你最近的人，对你影响最大。

贾平凹在《游戏人间》中写道："你所处的圈子其实就是你人生的世界，代表了你的审美和生活。"

"密友五次元理论"不仅很有道理，也很有用，可以为我们提供看人识人的有效工具、辨明是非的简单方法。

判断一个人是不是可信，不仅要看他说什么、做什么，更要看他身边的朋友，尤其是最亲密的朋友怎么说、怎么做。

判断一个项目是不是值得投资，不仅要看创始人的雄心抱负，更要看整个团队，尤其是核心团队成员的能力层次。只有公司的愿景、使命和目标与队伍建设、资源能力相匹配时，这些听起来高大上的发展规划才能一步步变成现实。

判断一个人能否不断突破自我，不仅要看他自身的能力水平，更要看他能否见贤思齐，主动融入高层次的圈子，拓宽自己的眼界。巴菲特说过这样的话：你应该选择与比你优秀的人同行，你会朝着同行之人的方向前进。

强关系和弱关系理论表明，在职业发展中，真正能帮到我们的往往是那些弱关系，真正能触发人生转折的也常常是弱关系。弱关系的真正价值，是把不同的社交圈子连接起来，从圈外给你提供有用的信息，帮你找到未知的机会，因而弱关系也可以是你人生中的"贵人"，成为扭转你命运乾坤的关键力量。

"草根"逆袭的关键"贵人"是弱关系

● 案例故事

《沙漠之花》是根据索马里模特华莉丝·迪里的自传畅销书改编的电影，讲述了华莉丝从索马里沙漠中走出到成为世界顶级名模的故事。

华莉丝出生在非洲索马里的一个沙漠部落，原本是一个贫困家庭的牧羊女。后来因缘际会，她邂逅了善良的玛丽莲、著名摄影师唐纳森这两个最重要的贵人，从此一路开挂，一步步赢得了欧美时尚圈的广泛认可，成为世界顶级名模。

1. 思想的蜕变

华莉丝的名字是母亲为她取的，在索马里当地的语言中寓意为"沙漠之花"。母亲希望她像沙漠之花一样坚强，在干涸的荒漠中也能绽放美丽。然而，拥有如此美好名字的华莉丝却有着比荒漠更残酷的生存环境。

12岁时父亲为了5头骆驼，就将华莉丝嫁给60岁的老叟。在母亲的默许下，勇敢的华莉丝选择了逃婚，历尽千辛万苦，只身投奔外婆，并在姨妈推荐下获得了索马里伦敦使馆女佣的差事。然而，好景不长，索马里发生政变，总统被推翻，所有的大使人员被立刻召回。在人生抉择的关键时刻，华莉丝不愿回到那个让她伤痕累累的地方，就趁乱逃离使馆，开始了流浪街头的生活。

这时，华莉丝遇到了一个好心的姑娘——玛丽莲。她虽然自己屡遭挫折，却暂时收留了华莉丝，还帮她推荐了一份在汉堡店打扫卫生的工作，让她的生活逐渐安定下来。不仅如此，玛丽莲还帮助她跳出了被禁锢已久的愚昧认知，重新建立了对身体和自我的认同，拥有了女性的独立意识。从这个意义上说，玛丽莲就是她思想的解放者和拯救者。

2. 华丽的转身

一天，华莉丝如同往日一样，在餐厅来回拖地，收拾卫生。这时，她生命中最重要的伯乐出现了。

坐在一角的摄影师唐纳森注意到了身穿员工制服的华莉丝，

瞬间被她高挑的身材、深邃的五官、细腻的肌肤、美丽的容貌和
独特的气质所吸引。他相信这就是天造地设的模特，将来一定是
时尚界的"黑马"。唐纳森可不是一般的摄影师，他是黛安娜王
妃的御用摄影师，无数明星大腕以请到他拍摄为荣。面对眼前万
里挑一的"千里马"，慧眼识珠的他主动留下名片，邀请华莉丝
做时尚模特。

在唐纳森的镜头下，华莉丝凭借自然野性的神秘感，阳光自
信的绝世容颜，美得不可方物。这朵来自沙漠的花朵，终于真正
绽放了。一张富有野性和忧郁气息的侧面照，更是令华莉丝一夜
成名。唐纳森还教会华莉丝如何面对镜头展现魅力。华莉丝被模
特经纪公司看中，很快就成为了模特界的宠儿。从伦敦到巴黎、
米兰、纽约，各大时装周都有她靓丽的身影，她成为了T台上一
颗最耀眼的黑珍珠。

回顾华莉丝跌宕起伏的人生历程，命运给了她一个不堪回
首的童年，她却以舞台上的硬核实力，回报给这个世界特有的美
丽，也登上了人生事业的巅峰。

复盘华莉丝从牧羊女到国际超模的逆袭历程，让她人生命运
发生翻天覆地变化的关键贵人，不是她的父母、亲戚、朋友等这
些强关系，而是一些素昧平生、萍水相逢的弱关系，是他们帮她
进入了时尚圈，引导她走向了星光大道。

● 理论逻辑

强关系和弱关系理论是美国社会学家格兰诺维特于1973年提出来的一种人际关系理论。在此之前，学者们一直认为，个体的幸福感主要取决于与密友和家人的关系质量。但格兰诺维特指出，人际关系的数量也很重要。

你可以将自己的社交世界想象成两个圈层：内圈由你经常与之交谈、感觉亲近的人构成，外圈则由你见得不多或只是点头之交的人构成。格兰诺维特将这两类关系分别叫作"强关系"和"弱关系"。其核心思想是，要想获取新信息和新点子，弱关系比强关系更为重要。

格兰诺维特调查了282名在波士顿工作的上班族，发现大多数人都是通过自己认识的人得到这份工作的，但其中只有一小部分是通过好友得到的。84%的人得到这份工作都是借助了自己的弱关系。格兰诺维特指出，经常和你待在一起的强关系能接触到的信息都和你差不多，很可能干的事跟你差不多，想法也很接近，他们也不可能知道你不知道的机会或信息。唯有弱关系，才有可能带给你一些你不知道的事情，为你提供真正有价值的机会或信息，而且，通过他们找到的工作，与通过强关系找到的工作相比，不仅薪水更多，职位更好，工作满意度也更高。

• 启智增慧

如果你正在寻求新的人生机会，强关系和弱关系哪个更有用？很多人可能会凭直觉毫不迟疑地说出答案：当然是亲朋好友了，他们愿意掏心掏肺地帮你；至于那些交情不深的人，能搭理你就不错了。

但是，强关系和弱关系理论表明，在职业发展中，真正能帮到我们的往往是那些弱关系，真正能触发人生转折的也常常是弱关系。互联网时代让人们的社交圈几何级数扩大，使这一特点变得更加明显。但是，我们有时高估了强关系的影响和作用，而低估了弱关系的价值和潜力。弱关系的真正价值，是把不同的社交圈子连接起来，从圈外给你提供有用的信息，帮你找到未知的机会，因而弱关系也可以是你人生中的"贵人"，成为扭转你命运乾坤的关键力量。生命中的好多贵人不是生来就有的，也不是守株待兔等来的，而是在全力以赴的路上不经意间遇到的。

在电影《沙漠之花》中，对华莉丝来讲，她的强关系接触到的信息与她相差无几，能带给她的无非就是如何把羊放好，当好一个女佣，显然无法帮她开辟独一无二的星光大道。而她生命中遇到的最重要的贵人，都是些泛泛之交的弱关系。他们充分发掘了她浑然不知的天然禀赋，激活了她身上潜在的模特潜能，让她在自己最擅长的领域做真心喜欢的事，并获得了极大的艺术成就。

金钱固然重要，但它并非万能的。金钱可以确保员工不因基本的工作条件和待遇不佳而离职，但它不足以令员工满意。真正能够让员工感到满足的是对他们尊重和信任，以及为他们提供职业发展的广阔舞台。

看《水浒传》学职场智慧：
什么样的领导得人心

● 案例故事

柴进，宋太祖赵匡胤赐予"丹书铁券"的皇室后裔，原本应有享不尽的荣华富贵，他却反叛天命，心向江湖，广结武林豪杰，慷慨解囊。然而，他的慷慨并未换来真诚的友谊，反而让他在梁山泊中成为了孤独之人，无人追随，更无忠诚的伙伴。

反观宋江，尽管只是郓城县的小吏，地位低下，但他以乐善好施闻名，赢得了"及时雨"的美誉。他尊重每一位落难的弟兄，与他们情同手足，仗义疏财，毫无保留地关心他们。因此，他赢得了像李逵这样的"铁杆粉丝"，他们愿意为他赴汤蹈火。

而柴进虽然财大气粗，却不懂人心，最终成了"冤大头"，这无疑是他人生的悲哀。然而，这不能完全怪他人，关键在于柴进自身的修为不足。

在《水浒传》第二十二和第二十三回中，宋江和他的兄弟宋清逃到了柴进的庄上，在那里他们偶遇了正在烤火取暖、身患疟疾的武松。这一偶遇使宋江、柴进和武松三人产生了交集。透过这一经典情节，我们可以窥见柴进在待人接物方面与宋江的差距。

武松首次亮相是在柴进庄上，那时他还是一个名不见经传的毛头小子。书中写道，"那廊下有一个大汉，因害疟疾，挡不住那寒冷，把一锨火在那里向"。此时，宋江也恰好来此避难。柴进久闻宋江大名，如今宋江亲自来投奔他，自然盛情款待。酒过三巡，宋江有些不胜酒力，便找了个借口出去躲酒。他走路时没注意到有一个大汉在长廊处烤火，一脚踩到了火锨柄上，把此人弄了个大花脸。大汉被激怒，一把揪住宋江的衣服，大喝一声："你是甚么鸟人，敢来消遣我！"

陪宋江出来的庄客急忙叫道："不得无礼！这位是大官人的亲戚客官。"

不听这话还好，一听这话大汉更是恼羞成怒，说道："客官，客官！我初来时也是客官，也曾相待的厚。如今却听庄客搬口，便疏慢了我。正是人无千日好，花无摘下红。"说罢，他又要揍宋江。而这个被惹怒的大汉正是武松。

柴进听到吵闹，走了出来。柴进告诉武松，他眼前这个人就是大名鼎鼎的宋公明。武松久闻宋江大名，知道他仗义疏财，扶危济困，是个真正的大丈夫，他早就萌发了去投奔宋江的想法。

今日看到自己仰慕已久的英雄好汉，人高马大的武松不再考虑面子和尊严，直接跪在地上拜道："却才甚是无礼，万乞恕罪！有眼不识泰山！"

宋江初识武松，就发现此人出手不凡，将来必有用武之地。尽管刚才差点吃了拳头，但他不计前嫌，还给了武松充分的尊重，"江湖上多闻说武二郎名字，不期今日却在这里相会。多幸，多幸！"其实，武松当时在江湖上只是个无名小卒，还没有做出赤手空拳打虎的英雄壮举，也没有上演醉打蒋门神的江湖神话。宋江如沐春风的话语，让此时此刻寄人篱下的武松很受用，也很感动。

在柴进的建议下，三人一同进屋喝酒，但柴进却只让武松坐地下。还是宋江再三坚持，武松才坐上了主桌，因此武松对宋江更是感激。

在之后的十数日里，宋江走哪儿都带着武松，两人一起长饮、一处安歇、一同游玩，形影不离，武松的病也很快好了。看到武松的衣服破了，宋江又要自掏腰包为他做新衣服。柴进知道后哪里肯让宋江出钱，便慷慨解囊为其置办了新装。钱虽然是柴进出的，但武松却将好全部记在了宋江头上。

在武松回乡时，宋江依依不舍，送了一程又一程，还专门设酒饯行，与他结拜成兄弟。临行前，他拿出十两银子，赠予武松作路费。宋江的一言一行，让武松感受到了兄弟平等的尊重、生死与共的亲情。书中用武松上路后的自白描写了宋江在他心目中的地位，"江湖上只闻说及时雨宋公明，果然不虚。结识得这般弟兄，也不枉了"。

相比之下，柴进的待人方式就相去甚远。他放不下自己的身份架子，总是以一种居高临下的姿态对待武松，仿佛上级对下级；他不愿意与人共榻而眠、促膝长谈，缺乏与他人真诚、平等的交流，无法做到心灵的沟通。因此，尽管他很有钱，可以广交天下好汉，但他交的都是酒肉朋友，而且他也很难走进别人的内心。

柴进心底里并不喜欢武松，甚至没有给予他基本的尊重。书中有一个细节：他明明知道武松的名字，却既不称呼其名，也不以兄弟相称，而是简单地唤他"大汉"。这种称呼显然不符合基本的礼仪规范，显示出柴进对武松的轻视。此外，柴进在做事时不能善始善终也让武松颇为心寒。刚到柴进府上时，柴进对待武松还算客气。但武松酒后发疯对柴进府上的庄客大打出手，惹得他们都在柴进面前说他坏话。柴进听了庄客们的一面之词，便渐渐怠慢了他：武松生了病，无人过问；武松衣衫褴褛，他装作看不见。浑身全是功夫的武松在柴进庄上成了"废柴"。

所以，武松对给自己提供一年多吃喝居所的柴进并没有感恩戴德，临别时仅是礼貌地说"实是多多相扰了大官人"，上了梁山也始终与其保持着不远不近的"同事之交"。但是，他却对只照顾他十来天的宋江念念不忘，并坚定追随。

这其中的底层逻辑，其实是双因素理论。

• 理论逻辑

双因素理论又叫激励-保健理论，是美国行为科学家弗雷德里克·赫茨伯格提出的，他认为影响人们行为的因素主要有两类：激励因素和保健因素。

激励因素是指与工作内容紧密相连的因素，如工作富有挑战性，能取得成就、得到赏识、获得成长和发展的机会等。处理好激励因素，能够提升人们的满意度。

保健因素涉及工作环境和条件，包括公司政策、管理风格、监督方式、同事间的人际关系、物理工作条件和职业安全感等。如果这些因素处理不当，会导致员工对工作不满。然而，即使这些因素得到改善，它们也只能维持员工的积极性，使员工保持工作现状，而不足以激发员工的积极情感或提供深层次的满足感。换句话说，保健因素的优化可以防止不满，但不大可能成为激励员工超越现状的动力。

对工作本身而言，保健因素是外在的，而激励因素是内在的。双因素理论指出，要充分激发员工的积极性，组织需要同时考虑外在和内在因素。外在因素，如薪酬、公司政策和工作条件，主要取决于组织本身。这些因素能够防止员工产生不满，但通常只有在公司认可并奖励高绩效时，才会成为有效的激励因素。内在因素，如完成任务后的成就感，更多是个人的内在体验。尽管组织政策可能只能间接影响这些内在因素，例如通过设定高标准来影响员工对自己表现的看法，但它们对于员工的满意度和动力至关重要。因此，为了确保员工的积极性和满意度，组织不仅需要提供适当的物质奖励和工作条件，还应该关注如何通过内在因素来激发员工的热情和成就感。

• 启智增慧

双因素理论表明，钱是保健因素，而不是激励因素。因此，不差钱的柴进一掷千金，却只能和被资助者维持不远不近的点赞之交，无法建立起深度链接的个人私交。

尊重和赏识是关键的激励因素。宋江就是一个善于运用激励因素的人。他慷慨解囊、真诚待人，尽管他的财富和地位有限，却能够与受助者建立深厚的兄弟情谊，最终在众兄弟的支持下成为梁山的领袖。

在企业管理中，我们也常常看到类似的现象。金钱固然重要，但它并非万能的。金钱可以确保员工不因工作条件和待遇而离职，但它不足以令员工满意。真正能够让员工感到满足的是对他们尊重和信任，以及为他们提供职业发展的广阔舞台。

> 决定一家公司发展的是谁？有人毫不迟疑地回答是客户，因为客户是上帝，是衣食父母，是公司发展的根本；有人说是股东，因为股东是出资人，"端谁家的碗，归谁家管"。其实，比客户、股东更重要的是员工。因为只有员工满意了，才可以实现顾客满意和企业价值成长。

没有员工的满意，就没有顾客的满意

● 案例故事

现在，各行各业都在流行一种做法——外包。发包方通过将一些非核心的、费时费力的边缘业务外包，可以降本增效，规避风险，提升核心竞争力。承包方则拿到了业务，赢得了市场，赚到了钱。

但是，这样做却苦了外包员工。这一纸外包合同，彻底划清了公司与他们的界限。从法律上来说，他们不是公司员工，而是"打酱油"的临时工。

在快递公司纷纷外包的滚滚洪流中，京东集团创始人刘强东不仅不实行外包，还自建物流。从商业模式上讲，员工有尊严有保障，服务才会好。从商业道义上讲，"草根"出身的刘强东更懂得基层百姓需要什么。

在一些人看来，交"五险一金"是企业分内的事，但实际上国内大多数基层快递员所在的站点属于加盟外包。虽然一年为用户送出上千亿件快递，但快递员们缺少养老、医疗保障，出现薪酬、工伤等纠纷也与"食物链"顶端的上市快递公司没有关系。

一位京东内部人士透露，2022年底，刘强东除了那场批评部分高管和员工、号召全员"重归低价"的经营理念培训会外，还给京东物流的所有管理者开了一次会。会上，刘强东提起给基层员工保障的初衷："当时有的高管和我说，如果不给快递员交'五险一金'，我们马上能省下几十亿元，股价肯定能翻番。这些事我不懂？但我们能这样做吗？"刘强东认为，京东物流的文化应该是蓝领文化，管理者要以更实在的态度深入基层和客户，不要坐办公室、西装、领带、PPT那一套。所以，他在接受采访时曾说，如果你这家公司是靠克扣员工的"五险一金"、牺牲兄弟们60岁以后保命的钱发展起来的，那是耻辱钱，赚多少都会让我良心不安。

刘强东的行事逻辑是，先有员工的满意，才有顾客的满意，才有京东的万亿帝国。这样有道义的事业，才是自己的初心使命。

员工满意与顾客满意永远是双向奔赴的，与此有异曲同工之妙的是餐饮界的西贝。西贝有一句家喻户晓的广告词："闭着眼睛点，道道都好吃。"他们之所以敢打出如此有底气的广告，是因为自身有提供极致体验服务的能力，关键是有一支"动力十足，训练有素，并且人生喜悦"的服务团队。

多年来，西贝一直将"爱"放在企业核心价值观的首位，并倡导西贝爱的能量环——西贝爱员工，员工爱顾客，顾客喜欢西贝，通过这种持续不断的爱的行动，来实现西贝的生生不息。西贝总裁贾国慧说过一句话："充满人情味的关怀，往往最能俘获人心。"这句话不仅指向了顾客，也指向了员工。要让员工爱你的客人，你得去爱你的员工；要让员工像对待家人一样对待客人，就要像对待家人一样对待自己的员工。

● 理论逻辑

弗里施定理由德国慕尼黑企业咨询顾问弗里施提出，没有员工的满意，就没有顾客的满意。

许多企业都习惯于将客户满意度挂在嘴边，并为此绞尽脑汁地翻新服务的花样。但他们往往会发现，这些新花样到后来起到的效果并非总是那么显著。原因何在？因为很多企业忽视或者没有足够重视"让自己的员工满意"。

在一条完整的服务价值链上，服务产生的价值是通过人，也就是企业的员工在提供服务的过程中体现出来的。员工的态度、言行也融入了每项服务中，并对客户的满意度产生重要的影响。而员工是否能用快乐的态度、礼貌的言行对待顾客，则与他们对企业提供给自己的各个方面的软硬条件的满意程度息息相关。因此，加大对员工满意度与忠诚度的关注，是提升企业服务水平的有效措施。

• 启智增慧

在一次央视《对话》节目中，主持人问了现场嘉宾这样一个问题：你们认为成功的企业家究竟应该是什么标准？

TCL集团董事长李东生接过话筒谈了自己的观点，他认为企业经营的使命有四项：为顾客创造价值，为员工创造机会，为股东创造效益，为社会承担责任。一个企业家是否成功，要看你的顾客、员工、股东和社会是否认同。

在轮到稻盛和夫先生发言时，他鲜明地提出："李先生讲了四点，企业要为客户、员工、股东、社会做贡献，我认为讲得很对。但这四者之中，最重要的是员工，首先要让员工幸福高兴，这样员工就会发自内心地拼命工作，就能更好地回报客户，公司的业绩就能提升，对股东的回报也就增加了，对社会也就做出了贡献。因此，创建让员工感觉幸福的公司，是最重要的。"

稻盛和夫先生对这四点的排序是至关重要的。

员工是企业最关键的利益相关者，是创造一切价值的基础。相关研究也证实了这一点，如果员工满意度每提高3个百分点，那么企业的顾客满意度将提高5个百分点；员工满意度达到80%的公司，平均利润率增长要高出同行业其他公司20%左右。

美国西南航空公司一直将员工利益放在第一位，他们认为，"顾客永远是对的"本身就是个伪命题，虽然这句话被很多公司奉为圭臬。这家公司的联合创始人赫布·凯莱赫说："实际上，顾客也并不总是对的，他们也经常犯错。我们经常遇到毒瘾者、醉汉或可耻的家伙。这时我们不说顾客永远是对的。我们说，你永远也不要再乘坐西南航空公司的航班了，因为你竟然那样对待我们的员工。"正是这种宁愿"得罪"无理的顾客，也要保护自己员工的做法，使西南航空公司的员工得到了很好的关照、尊重和爱。大家则以更饱满的热情和服务来回报顾客，这也是西南航空公司长期盈利的秘诀所在。

企业可以通过提供富有竞争力的薪酬福利、创造宽松和谐的工作环境、输出无微不至的关怀、开展灵活多样的活动等，让员工切身体验到来自公司的爱。但是，最重要的还是从人性的角度出发，给他们足够的尊重，为其职业成长提供广阔的发展舞台。这就要求管理者有一种"舍得"情怀，常怀"利他之心"，真正把员工当回事，在必要的时候甘愿成为员工进步的阶梯，带领员工实现共同幸福。

面对新生代员工[1]这个世纪难题，就连张瑞敏也曾在高峰论坛上发出这样的感慨，"我感觉越来越不会做企业了，以前那些有效的，甚至成功的方法，今天看来，都必须抛弃了"。作为一名管理者，不管你喜欢不喜欢，接受不接受，新生代员工时代已经来了，你准备好了吗？

新生代员工难管？情境领导理论教你破局

● 案例故事

不知从何时起，身边的新生代员工开始多了起来，"90后"员工成了主流，"00后"员工开始作为新鲜血液不断加入。

一天，我和一个"70后"朋友一起喝茶，聊到了新生代员工管理问题。这个朋友是一家银行的支行行长。前些年，他凭借其丰富的基层管理经验，以及长期积累的广泛人脉，干得风生水起。不过他最近碰上了新问题：手下的新生代员工越来越难管理，动不动就提出辞职，而且是事前毫无征兆的，这让他有些猝不及防。

---

[1] 新生代员工是指出生于20世纪90年代及以后的员工，一般指"90后"和"00后"。——作者注

朋友负责的支行总共有20多名员工，其中，新生代员工有8名，每年都有员工以各种理由离职。由于人员变更频繁，新老员工难以做到无缝衔接，常常会影响服务体验，引来一些客户投诉。

前段时间，一名"95后"员工来到了他的办公室，一脸平静地说："行长，我要辞职。""干得好好的，为什么忽然要辞职呢？你在外面已经找到更好的工作了吗？"朋友停下了手头的工作，关切地问道。

"没有什么情况，也没有找到新工作。我就是不想干了，想换一种生活方式。世界那么大，我想去看看。"这名员工仍是一脸不以为然，说完便将目光投向了窗外的远方。

"现在找工作不容易，再说了，已经是十月了，你再干两个月，就可以拿到年终奖了。"当下，正是业务发展旺季，也是用人之时，这名员工日常表现不错，朋友希望把他留下，至少再待两个月。这样，他可以有回旋的余地，招聘或调剂其他员工，不至于影响到业务发展。

"那年终奖能发多少钱呀？"这名员工听到奖金，眼中开始有了光芒，似乎被激发一些兴趣。

"咱们今年业务发展还不错，根据你的业绩，年终奖大概可以拿到5万元。如果你现在辞职，年终奖就一分钱都拿不到了"，看他有些心动，朋友接着苦口婆心地劝说，并向他描绘职业发展前景，"你好好干，过个五六年，也可以像我这样，当个行长。"

然而，这并没有让这名员工回心转意。他还是坚决地递上了辞职申请，"谢谢行长这两年的关照，不过我心意已决"。临走时，他补充了一句："我就是因为不想过你这样'一眼可以望到底'的人生，才决心要辞职的！"

这就是新生代员工的生动写照。有人断言，新生代员工难以承担重任，甚至是"垮掉的一代"。但是，新生代员工已成职场主流，谁也无法阻挡。而且他们迟早会取代"60后"和"70后"，成为职场的中坚力量，这是发展的必然。因此，面对现实，顺应趋势，是当下管理者的唯一选项。未雨绸缪，科学应对，学会情景领导，也许是当下管理者破局的关键。

● 理论逻辑

情景领导理论是由行为学家保罗·赫塞和管理学家肯尼思·布兰查德提出的，该理论认为没有一种通用的最佳领导方式，只有根据具体情况而定的最合适的领导方式。情境领导理论强调领导者应根据员工的成熟度来调整管理风格，当员工逐渐成熟时，领导者应选择与员工成熟水平相匹配的领导风格，以实现成功。

保罗·赫塞和肯尼思·布兰查德将成熟度定义为个体对自己的直接行为负责任的能力和意愿。它包括两个因素：工作成熟度与心理成熟度。前者包括一个人的知识和技能。工作成熟度高的个体拥有足够的知识、能力和经验去完成他们的工作任务而不需要他人的指导。后者指的是一个人做某件事的意愿和动机。心理成熟度高的个体不需要太多的外部鼓励，他们更多是靠内部动机激励。

保罗・赫塞和肯尼思・布兰查德将下属的成熟度分为四种状态。第一种状态的员工既没有能力也不愿意执行任务，既不胜任工作也不能被信任；第二种状态的员工缺乏能力，但愿意从事必要的工作任务，他们积极性高，但技能不足；第三种状态的员工有能力，但不愿意执行领导者期望的工作；第四种状态的员工既有能力也愿意执行分配给他们的任务。

情境领导模型（如下图所示）使用两个领导维度：任务行为和关系行为。每一维度有高有低，从而组合成以下四种具体的领导风格。

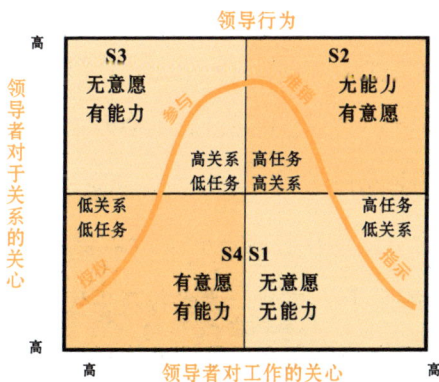

情境领导模型

（1）指示（高任务-低关系），领导者定义下属的角色，告诉下属应该干什么、怎么干以及何时何地去干。

（2）推销（高任务-高关系），领导者同时提供指导性的行为与支持性的行为。

（3）参与（低任务-高关系），领导者与下属共同决策，领导者的主要角色是提供便利条件与沟通。

（4）授权（低任务-低关系），领导者提供极少的指导或支持。

如何使领导者的领导方式或风格与下属员工的成熟程度相适应，是情境领导理论的关键。他们认为，当下属的成熟度水平不断提高时，领导者不但可以不断减少对活动的控制，还可以不断减少关系行为。

启智增慧

面对管理新生代员工这个世纪难题，连海尔创始人张瑞敏也曾发出这样的感慨，"我感觉越来越不会做企业了，以前那些有效的方法，甚至成功的方法，今天看来，都必须抛弃了"。

实际上，面对新生代员工，管理者需要具备洞察其特质的能力，了解他们的性格和需求。大多数新生代员工在相对优越的环境中长大，相较于老一代人，他们有着更好的经济基础和教育水平。他们个性鲜明，追求自我实现。他们自我意识强烈，不希望受到过多干涉，渴望和谐、平等、自由、宽松和包容的工作环境。他们不太适应复杂的人际关系，反对加班，对集体活动如团建也持有保留态度。

这些新生代员工的特点，无疑给管理者带来了新的挑战，并对传统管理模式构成了冲击。显然，单一的管理方法已经不再适用。管理者必须与时俱进，采用新的管理策略来应对这些新问题。

管理新生代员工的关键在于理解他们并用他们感到舒适的管理方式，持续激发他们的善意和潜能，调动他们的积极性和创造力，使他们不仅为公司工作，也为自己的事业奋斗，与公司共同成长。比管理更重要的是在招聘阶段就找到"对的人"。这包括找到与岗位和公司价值观相匹配的人才，而不仅仅是选择学历背景优秀的人。

许多顶级公司的创始人和高管，即使事务繁忙，也坚持亲自参与招聘，确保招到合适的人才。不仅仅是关键岗位，即使是前台和保安等普通岗位，他们也不会轻易授权。例如，谷歌创始人拉里·佩奇曾亲自面试每一个工程师，而小米的雷军在创办公司的第一年，将80%的时间用于招聘，甚至面试一个人多达10次，每次10小时。这是因为一些HR可能缺乏业务思维和系统考虑，不了解公司的未来发展战略和业务部门的真实需求，容易招错人，导致企业不得不投入大量成本来弥补。

六

意义：创造有价值的生活

生活如果有意义，你就算在困境中也能甘之如饴，时刻有活着、充盈的感觉；生活如果没有意义，你就算在顺境中，也可能会度日如年、了无滋味。意义可以赋予我们生命别样的色彩。幸福领导力要求管理者不仅自己追求有意义的事业，还要让员工感觉自己的工作有价值、有意义。

当人们认为自己的工作有意义，他们会更具创造性地投入工作，离职更少，幸福感更高，也更愿意融入企业文化，甚至可以为此忍受收入的降低。

西西弗斯的启示：工作还有意义吗

● 案例故事

上大学时有一次寒假返校，遇到大雪天，长途汽车全部停运，又逢春运客流高峰，我坐了有生以来最拥挤的一趟火车。当时，所有列车都晚点，而且到站的时间不确定。好不容易等来了一趟，我和同行的同学带着希望奔向站台，被眼前的一切惊呆了：居然到站不开门！上下车的乘客要从窗户进出。车窗旁边守着几个身体强壮的大汉，俨然把车窗当成了收费站，明目张胆地对站台上的乘客说："一人交5元，我拉你们上来。"我们就是被这样拉上了车。

车厢里人贴人，弥漫着难闻的气味，大家都苦不堪言，唯独我没觉得太苦。当时是学生记者的我，受路遥所著的《平凡的世界》的精神所感染，为这次旅行赋予了特别的意义：一名记者如果想写出有深度的新闻，就必须体验酸甜苦辣的生活。而这次乘车经历正是丰富人生体验、提升自身阅历的机会。这么一想，被挤得喘不过气的苦恼立马消失了大半，我反倒觉得这是一次有意义的旅行。

一件事有没有意义，关键看当事人怎么看，哪怕是比艰苦的旅行更让人难以接受的事，只要当事人视角变了，也会另有一番天地。

西西弗斯，一个触犯了天神的人，被天神惩罚，被迫永不停歇推一块巨石到山顶。每次快到山顶时，巨石就会滚下山，让他不得不重新开始。这个单调且看似无意义的工作，却因西西弗斯找到了其意义而变得不同。

他不再视推巨石为负担，而是赋予其意义，将其视为生活的一部分。他相信命运，不再挣扎，而是心平气和地去做这件事。他眼中已不再只有巨石和大山，而是接受挑战并与环境共生，从中汲取力量。这使得西西弗斯不再是一个被惩罚的奴隶，而成为一个掌控自己命运的伟大存在。

● 理论逻辑

"不值得定律"是指不值得做的事情就不值得做好，这是一种心理学效应。这个定律看起来很简单，但它的重要性却常常被人们疏忽。其实，它反映出我们的一种普遍心理，即如果人们认为自己要做或者正在做的是一件自认为不值得做、没有意义的事情，那他们往往会敷衍了事。这样的人不仅不容易成功，而且即使成功了，自己也不会有很大的成就感。

《活出生命的意义》的作者维克托·弗兰克尔认为，人生最重要的是发现生命的意义。他本人的经历就是发现生命的意义的过程：纳粹时期，作为犹太人，他的全家都被关进了奥斯威辛集中营，他的父母、妻子、哥哥，全都死于毒气室中，只有他和妹妹幸存。弗兰克尔不但超越了这炼狱般的痛苦，更将自己的经验与学术相结合，开创了意义治疗法，替人们找到绝处再生的意义，留下了人性史上最富光彩的见证。

在弗兰克尔的观察中，在集中营的极端生存条件下，决定人们生死的并非是身体状况，而是生活的意义。那些幸存下来的人，可能是因为对家人的承诺，对子女的责任，或者是对未完成作品的执念。相反，那些对生活失去目标、感到绝望的人，即使身体状况良好，也会很快放弃生命。

弗兰克尔在他的书中多次引用尼采的名言："人们知道为何而活，就能忍受任何一种生活。"这句话深刻地揭示了意义和目标对人生的重要性。

● 启智增慧

大部分人工作时都会在办公室坐一天。运动量大的主要是大脑、嘴巴和手，用于思考、沟通、写作等，但是一天下来我们却感觉身心俱疲。知乎上有个问题：为什么上班都是坐着，（我们）还会感觉疲惫不堪？

一位网友给出的答案点赞量最高。他说，不要继续骗你自己了。你觉得上班疲惫不堪但又说不出个所以然，根本原因在于：你其实心里很清楚你每天做的事情毫无意义……人会本能地排斥没有任何创造性和成就感的东西，尤其反感机械性重复的活动。

当人们认为自己的工作有意义时，他们会更富有创造性地投入工作，更少离职，幸福感更高，也更愿意融入企业文化。有趣的是，这种意义感甚至会让他们愿意接受一定的收入降低。美国一项针对2000多名受访者的调查发现，员工们平均愿意放弃未来终身收入的23%，以换取一份具有意义的工作。

我曾经与王顺友[1]等多位全国劳动模范有接触。我发现他们身上都有一个共同的特点，那就是他们为自己看似单调重复的工作赋予了不同的意义——他们认为自己的工作不仅是送信送报送包裹，而且是连通世界，传递美好。

---

[1] 王顺友（1965年11月—2021年5月30日），生前长期从事马班邮路投递工作，投递准确率达到100%，被誉为中国邮政"马班邮路"忠诚信使。2005年被评选为感动中国年度人物。——作者注

价值，是所有生意的基础、所有人脉的根本、所有希望的源泉、所有管理的落脚点。有价值的事物不怕没需求、不愁没利润，会赢得尊重、获得地位，可以实现基业长青、持续发展。提供价值应当是我们人生价值观的准绳、事业走向的北极星、是非判断的标尺。

价值效用论：迷茫时如何做选择

• 案例故事

2018年，我曾在清华大学听过一场主题为"科学、哲学、艺术、建筑"的演讲，主讲人是中国工程院院士、著名的建筑设计专家王小东。至今记忆尤深的是，这位研究了一辈子建筑的老专家，反复强调一个观点：真正的建筑不应该仅是装饰品，而应该是有价值效用的。

在演讲中，他以山西省的应县木塔为案例来论证这一观点。这座古建筑之所以经历无数的战争和灾难始终屹立不倒，关键是其具有独特的建筑技术和文化价值。

应县木塔又称佛宫寺释迦塔，位于山西省朔州市应县佛宫寺内，建于辽清宁二年（公元1056年），是世界上现存最古老、最高大的木结构建筑，与意大利的比萨斜塔、法国的埃菲尔铁塔并称"世界三大奇塔"。

应县木塔最显著的特点在于完全依靠斗拱和柱梁的精巧镶嵌与穿插结构，无须使用钉子或铆接，就能稳固地屹立千年，即使面对地震等自然灾害的考验也能安然无恙。这座木塔的每一个构件都经过精心设计，既具有装饰性，又承担着实际的结构功能，展现了极高的工艺水平和建筑智慧。

它的抗震技术尤其令人称道，在设计上采用了许多创新的方法来吸收和分散地震带来的能量，从而保证建筑的稳定性。这些技术对于现代建筑来说仍然具有极高的学习和借鉴价值。

相比于静态的建筑，会思想的人肯定更复杂，但是，有一些基本的道理，在建筑和人之间是相通的。

董宇辉在一次演讲中说道："人是万物的尺度，真正的工作应该是创造价值的工作。影响人的工作就是有价值的工作。"也正是在这种朴素价值观的影响下，他最终选择了当一名老师，持续快乐地做影响人的工作，并最终成就自己精彩的人生。

在演讲中，董宇辉以讲故事的方式，从求学谈到了择业，从高山聊到了低谷，从迷茫讲到了坚定，全程精彩不断。他提到，自己大学毕业之后找工作，拿到了两家公司的录用通知，一个是汽车企业，一个是手表企业，感觉都挺好，就在这两个机会之间拿不定主意。在特别纠结的时候，他回了一趟老家，向父亲请教。

正在地里锄地的父亲像看猴一样看了董宇辉半天，不急不慢地对儿子说："人是万物的尺度，真正的工作应该是创造价值的工作。影响人的工作，就是有价值的工作。"

就是这句话直接影响了董宇辉的职业选择，让他坚定放弃了这两个到手的工作机会，最终选择了新东方。虽然已经过去好多年，但是他依然清楚地记得当时对话的每一个细节，"一个阳光强烈的下午""当时太阳斜照着"，提及此事，颇有感慨："人生很多关键时候，就是会被一句话或者一件事所影响。在一个朴素的农民的观念里头，只有影响、改变和成就人的事情才是有价值的。他当时偏颇但是极其朴素的观点影响了我，我后来就来当老师。"

• 理论逻辑

效用价值论是一种经济理论，它认为商品的价值来源于其满足人类欲望的能力，或者是人们对商品效用的主观评价。这种理论区别于劳动价值论，后者认为商品的价值取决于生产它所需的劳动量。

在17世纪到18世纪上半叶，效用价值论在经济学著作中得到了明确阐述和广泛讨论。英国经济学家N.巴本是最早明确提出效用价值观点的学者之一。他认为，所有物品的价值都根植于它们的效用，没有效用的物品就没有价值。物品的效用在于它们能够满足需求，只有当物品能够满足人类的肉体和精神欲望时，它们才变得有用，进而具有价值。

意大利经济学家F.加利亚尼也是早期提出效用价值观点的学者之一。他提出，价值是物品与需求之间的关系，取决于交易双方对商品效用的评估。换句话说，价值由效用和物品的稀缺性决定。

价值的产生基于效用，并以物品的稀缺性为条件。效用和稀缺性是价值产生的充分条件。只有当物品相对于人的欲望而言显得稀缺时，它们才会成为人类福利（甚至生命）的必要条件，从而引发人的评价，即产生价值。

• 启智增慧

在充满竞争的社会里，不管一个人从事什么工作，一家公司做什么业务，都要提供价值、满足需求，让人愿意花钱买你制造的产品或提供的服务。2023年11月16日，在新东方30周年庆典上，俞敏洪作为公司创始人回顾了创业30年来的历程，颇为感慨地说："如果说30年我们做对了什么，我觉得我们只是做了一些符合祖国的发展和老百姓需求的事情。不管是我们教英语，还是帮助年轻学子出国进修；不管是我们站在讲台上，还是站在直播镜头前助农、卖农产品；不管是面向成千上万的青少年，还是现在我们开始关注中老年群体，我们做任何一件事情都是抱着真诚的心，提供尽可能更好的服务。"

价值，是所有生意的基础、所有人脉的根本、所有管理的落脚点。提供价值，应当是我们人生价值观的准绳、事业走向的北极星、是非判断的标尺。高瓴集团创始人兼首席执行官张磊有个观点："真正的投资，有且只有一条标准，那就是是否在创造真正的价值，这个价值是否有益于社会的整体繁荣。"

在人生的十字路口，我们往往难以决定何去何从。然而，效用价值论为我们提供了指引。所谓的价值，并非仅限于金钱或地位，而是根据个人的价值观，对生活中最重要的事物进行排序。

以作家陈行甲为例，他认为人生最要紧的不是追求高官厚禄，也不是积累财富，而是投身于公益事业。2015年，43岁的陈行甲荣获"全国优秀县委书记"的称号，未来看似一片光明。但就在他即将迈上人生新高峰之际，他却在次年选择放弃仕途，转身投向公益领域。因为在陈行甲的心中，有比当官更有意义的事情，那就是构建一个能够解决"因病致贫"问题的社会支持体系。

陈行甲在《人民日报》刊登的文章中，引用了诗句"心之所向，素履以往，生如逆旅，一苇以航"，表达了他对人生旅程的理解，并分享了他离开官场的心路历程。他写道："我辞职的主要原因是内心深处的一种召唤。投身公益始终是我内心深处的一颗种子，它一直在等待破土发芽的一天。我认为，从事公益，特别是通过创新的公益实践去寻找解决社会难题的方法，是我这样出身低微而又幸运地获得许多机遇的人应该做的事情。"

"叙事框架效应"作为一种经典理论工具，可以让我们在生活中少走一些弯路。实际上，其应用范围相当广泛，不仅可以用在生活中的小事上，而且可以在工作汇报、商务谈判、沟通协调等场景中应用，是"话语权脆弱方"成功胜出的利器之一。

曾国藩的智慧：
叙事框架理论让一句话改变历史

● 案例故事

曾国藩是晚清时期政治家、战略家、理学家、文学家、书法家，有"中兴第一名臣"之美誉，更有人推崇他为"立德立功立言三不朽，为师为将为相一完人"。但是，他的人生也并非一直顺风顺水。面对风起云涌、士气正盛的太平军，他统领的湘军屡战屡败，甚至一败涂地，三番五次欲跳江自尽。

在一次湘军战败后，幕僚为他代拟了一份上报的奏折，该奏折如实地写下了在他们岳州等地接连吃败仗的战况，用了一个词——"屡战屡败"。

曾国藩审视局势后，巧妙地玩起了"文字游戏"。他仅将

"战"与"败"二字的顺序稍作调整，便将"屡战屡败"变为"屡败屡战"。这一改动虽然微小，却营造出了完全不同的意境。"屡战屡败"原是强调连续的失败，突出的是"败"字，意味着作战者无力，只能止步于失败，传递出一种失败和失望的情绪，令人对作战者的能力产生怀疑。

而"屡败屡战"则凸显了不屈不挠的精神，强调的是"战"字，显示了作战者的勇敢和坚毅，尽管遭遇连续的失败，但依然保持着战斗的意志，不放弃，不气馁，不后退，越挫越勇，不达目的誓不罢休。这样的表述传达出的是永不屈服和充满希望的态度，表明未来有可能扭转局势，反败为胜，依旧是一个高概率的事件。

果不其然，皇上看到了这个奏折后，不仅没有责备他屡打败仗，反而还表扬他锲而不舍、永不言败的精神，并鼓励他重整旗鼓，继续战斗。

从底层逻辑来看，这种反转可以用"叙事框架效应"来解释。"屡战屡败"是一种框架，"屡败屡战"则是另一种框架，两者产生的效果完全不一样。从"屡战屡败"到"屡败屡战"，体现了曾国藩自强不息的人生哲学，谨慎细微的处世智慧，他深谙换位思考的重要性。

● 理论逻辑

对于同一历史事件，用不同的叙事手法进行描述，可能会改变人们对此的认知、态度甚至偏好。利用叙事手段成功改变人们态度或行为的情况，大致能分为两种。

首先，对一系列历史事件，掌握"话语权"的一方出于自身利益考量，只允许叙述其中某一个单独事件。

其次，在历史的叙述中，掌握话语权的一方往往会采用对他们有利的叙事方式来构建对事件的解释。然而，那些话语权处于劣势的群体同样可以根据事实，选择不同的叙事框架来呈现同一历史事件。换句话说，历史事件的描述并非一成不变，而是可以根据叙述者的视角和目的，呈现出不同的面貌，就像一枚硬币的两面。这种叙述的选择性可能导致公众对同一历史事件产生不同的理解和观点。

对于话语权不占优的一方来说，理解和掌握这种通过选择性叙述来影响公众观念的"助推"技巧尤为重要。通过这种方式，他们可以在信息传播的战场上，以更加智慧和策略性的方式，争取到更多的理解和支持。

在决策心理学中，所谓叙事框架效应是指对同一选项所做出不同的阐述可能会引出不同的偏爱顺序，进而导致了不同的决策判断。

比如，对同一块猪肉，你可以说，这块肉含75%的瘦肉，也可以说，这块肉含25%的肥肉。不管是"75%的瘦肉"还是"25%的肥肉"，都是在描述同一个基本事。然而，研究发现，当我们用"瘦肉"叙事框架来描述这块肉时，人们愿意购买，当我们用"肥肉"叙事框架来描述这块肉时，人们却不愿意购买了。

● 启智增慧

"叙事框架效应"作为一种经典理论工具，在现实生活中实操性强，效果也很明显，可以让我们在生活中少走一些弯路。实际上，其应用范围相当广泛，不仅可以用在生活中的小事上，而且可以在工作汇报、商务谈判、沟通协调等场景中应用，是"话语权脆弱方"成功胜出的利器之一。

在年末的会议上，某公司的总经理听取了各分公司关于经营预算的汇报。A分公司的负责人在面对今年预算的完成情况时，感受到了巨大的压力，因此在发言时直接表达了他们的困难，并希望能够减轻来年的任务量。然而，他的话还没说完，就被总经理打断。总经理以严厉的措辞回应，强调"只有淡季的思想，没有淡季的市场"，并警告说如果不改变思维，就可能会更换负责人。

尽管所有分公司都面临着各自的挑战，B分公司的负责人在发言时却采取了不同的策略。他首先充满信心地介绍了明年的三项重点工作和增长点，随后巧妙地转折，提出希望集团公司能够在资源配置上给予更多的支持，以确保他们能够实现目标并保持领先地位。总经理对此非常高兴，认为这种汇报方式是今后工作的典范，因为它包含了目标、计划、思路、措施、数据和建议，并立即同意提供所需的支持，强调"让听得见炮火的人呼唤炮火"。

这种策略与2017年诺贝尔经济学奖得主理查德·塞勒提出的"助推"理论不谋而合。塞勒认为，改变人们面对的选择架构或叙事框架，而不是设置禁止选项、限制自由、使用经济杠杆或命令指导，可以促使人们的行为选择按照预期的方向变化。这种助推手段对于改善健康、财富和幸福方面的决策非常有益。

莎士比亚有句名言："凡是过往，皆为序章。"每一段经历都不会白费，只要你用心做事，持之以恒，真诚待人，精益求精，说不定哪段在当时看来毫无用处的经历、哪个不经意间交到的朋友，甚至哪件不堪回首的往事，会在你未来人生的某一天发挥关键性作用，给予你巨大的回报。

乔布斯的故事：
人生没有白走的路，每一步都算数

● 案例故事

苹果公司的联合创始人史蒂夫·乔布斯不仅是一位商业巨头，还是一位演讲大师。即便在他去世多年后的今天，他那些鼓舞人心的演讲仍然被人们广泛引用和讨论。他戏剧性的创业经历继续激励着无数人，他那超越时代的商业哲学至今仍被商界和科技界人士津津乐道。

2005年6月12日，乔布斯在斯坦福大学的第114届毕业典礼上进行了一场仅15分钟的毕业致辞。这场毕业致辞产生了深远的影响，至今仍被广泛传颂。乔布斯在演讲中以三个故事为线索，分享了他创立苹果公司的经历和他在人生中的重要领悟。以下是他讲述的第一个故事，他称之为"把点串联成线"。

我在里德学院只读了6个月就退学了，但是我还经常去学校旁听，又过了大约18个月，我才真正离开校园。

那么，我为什么要退学呢？

这要从我出生前讲起。母亲怀上我时，她还是一名研究生，于是她决定把我送给别人来收养。

她非常强烈地希望我被上过大学的人收养，所以，我的一切都被安排好，等我一出生就由一名律师和他的妻子收养。

哪知我刚一出世，这对夫妇突然改变了主意，他们真正想要的是一个女孩。

这样，我的养父母（当时还列在登记的申请人名单中）突然在半夜接到了一个电话："我们有一个不期而至的男婴，你们想要他吗？"

他们回答道："当然要。"

但是我生母后来发现，我的养母并没有大学学历，而我的养父甚至没从中学毕业。她拒绝在最终的收养文件上签字。但几个月之后，我的养父母承诺将来一定送我上大学，我的生母就松口了。

17年后，我真的上了大学。但是我很天真地选择了一所几乎和斯坦福大学一样贵的学校，我那工薪阶层的养父母把全部积蓄都用来支付我的大学学费。

6个月后，我看不到上大学有什么价值。我不知道自己这一生想做什么，我也不知道大学能怎样帮我找到答案。而此时，我正在花光父母一辈子攒下的钱。

所以我决定退学，并且相信这是个不错的决定。在那时候，这样做多少有些心里没底，但是回过头来看，那是我至今做出的最正确的决定之一。从我退学的那一刻起，我可以不用选学那些我不感兴趣的必修课，可以去旁听那些看上去有趣的课程。

那个时候并非事事如意。我没有了宿舍，因此只能睡在朋友房间的地板上；我退还可乐瓶，换回5美分押金买东西吃；每个星期天的晚上，我总是走上7英里（约11.3千米），穿过城市到哈瑞·奎师那礼拜堂去，吃上一顿每周一次的大餐。我喜欢这样。我凭着好奇心和直觉所做的大多数事情，结果被证明是无价之宝。让我给你们举一个例子。

那时候，里德学院开设的书法课可能是全美国最好的。校园里的所有海报、所有抽屉标签上的字都写得漂漂亮亮。

由于我已经退学，不用上常规课程，我决定选一门书法课，学学怎样写好字。

我学习了serif（衬线）和sanserif（无衬线）字体，学会了根据不同的字母组合调整间距，懂得了了不起的活版印刷之所以了不起的原因。书法课真是太美妙了，具有历史性和科学无法捕捉的艺术上的精妙，我觉得趣味无穷。

这些对我的一生本应该是毫无实际用处的，可是10年后，在我们设计第一台麦金塔电脑的时候，书法课上的所学全都浮现在我的脑海里。我们把它全部融入电脑的设计之中。这是史上第一台拥有精美字体版式的电脑。

如果我在大学时期从未旁听过那一课，Mac电脑就不会有如此丰富的字体，或是如此适当的字体间距。……如果我没有退学，我就不会旁听书法课，而个人电脑也可能就不会拥有如此美妙的字体了。

当然，当时还在大学的时候我不可能从这一点看到未来。但10年后回首往事，一切都非常非常清晰。

再次说明，你们不可能从现在的点看到未来，只有回首看时才能看清来龙去脉。因此，你要相信，这些点在你的未来终将连接起来。你们必须相信某种东西——你的胆识、命运、生命等等。这样做从来没有让我失望，而且还彻底改变了我的生活。

对乔布斯的这段演讲，我深以为然。职场中的每一段经历都会形成生命中的一个个点，这些点在当时来看或许波澜不惊，但是多年以后回首往事，这些点就可能会连点成线，连线成面，时间久了就会拼出美丽的图案。

参加工作后，我先后在某世界500强企业的市分公司、省分公司和集团总部从事过10多个岗位的工作。这在当时看来只是简单的岗位轮换、工作交流，不过是履历表上又增加一行字而已。但现在回头来看，我发自肺腑地感觉，人生中的每一段经历都不白费，每一份汗水都不白流，都是个人素质的历练提升，自身视野的丰富拓展。更重要的是，这些点串联起来，就为我提供了一个站在不同层面观察一个世界500强企业如何运转的机会。在集团总部工作的经历让我知道总部是如何高屋建瓴、进行顶层设计的；在省分公司工作的经历让我知道中间层是如何上传下达、抓好贯彻落实的；在市分公司工作的经历，让我知道执行层是如何抓具体落地、生根发芽的。

● 理论逻辑

"凡是过往，皆为序章。"这句话源自莎士比亚的剧作《暴风雨》，寓意着无论我们经历了什么，每一个过往都是新开端的序言。它告诉我们，无论过去发生了什么，我们都有能力重新开始，塑造我们渴望的生活。

在人生的旅途中，每一次经历都有其独特的价值和意义。无论是那些重大的决策时刻，还是看似微不足道的日常小事，都会在无形中成为我们生命旅程的一部分。正如清华大学心理学教授彭凯平的研究所言，即便是那些在我们眼前一闪而过的信息，比如电脑屏幕上不到半秒便消失的词汇，也能在潜移默化中影响我们未来的选择。这一切都是无意识心理过程在起作用。

● 启智增慧

20多年前，我还在读大学时，一位知名广播电台主持人来我们学校做报告。他讲了一句至今让我印象深刻、受益匪浅的话。他说："每一段经历，不论成败，都将有利于我的成长。"这句话成为我人生的座右铭，它一直藏在我的心底，成为我人生发展的导航仪。

每当我事业顺利时，我就提醒自己：这是在更高平台上学知识、加速成长的机会，也是灵感迸发、突破自我的机遇，所以，一定要好好珍惜，不负韶华。每当我遇到挫折时，我更是以此来告诫自己：这是锻炼意志、磨炼心性的契机，也是积攒力量、重新出发的转折点。

汪国真曾在一首诗里写道："到远处去，熟悉的地方没有景色。"事业达人往往会主动选择到阳光普照处感悟生活的美好，到艰难困苦处丰富人生的阅历。不管是成功还是挫折，每一段经历都不会白费，只要你用心做事，持之以恒，说不定某段在当时看来毫无用处的经历、哪个不经意间交到的朋友，甚至哪件不堪回首的往事，会在你未来人生的某一天发挥关键性作用，带给你人生的转机。

处在目标最佳平衡点的企业往往是恰到好处的，常常是平稳健康的，就像德鲁克所言，"管理好的工厂，总是单调乏味，没有任何激动人心的事件发生"。

如何避免企业目标管理的陷阱

• 案例故事

对一家集团公司来讲，每到年终岁尾，就是计划目标预算下达的时间，也是集团公司与分公司激烈博弈的时刻：集团公司想保持业绩持续增长，向股东、社会、员工交一份好看的报表；分公司则千方百计诉苦，希望能少下一点任务。

由于上下关注、利益聚焦，每年的预算目标计划下达都作为重大事项，提交总经理办公会审议。参会人员常常讨论得很激烈，有时还争得面红耳赤。

在A公司总经理办公会上，财务部作为预算分解的负责部门，首先讲解了今年预算分解的原则：充分考虑了分公司所在地方经济的发展水平、人口规模等因素，体现鼓励先进、多劳多得的基本原则，并特别强调这个办法最大的变化是，明年预算目标下达的基数是今年的预算目标，而不是今年的实际完成情况，这样可以有效避免往年鞭打快牛的情况。

事实上，财务总监的顾虑不是没有道理的，往年也不止一次出现过快牛不愿快跑的情况：一些完成任务目标较好的分公司到四季度时，便打起了自己的小算盘，故意放慢速度，甚至踩刹车，以便给第二年业务发展预留空间。

财务总监话的刚落音，市场总监提出了另一方面的顾虑：这样的确可以解决鞭打快牛的问题，但可能会使问题从一个极端走向另一个极端，那就是把慢牛打死也跑不起来，完成公司的总任务将变得困难重重。

…………

围绕着究竟是鞭打快牛，还是鞭打慢牛，大家相继发言。

最后，总经理一锤定音：鞭打快牛多加料，确定一个跳一跳才能够得着的目标。

如果目标定得过高，跳一跳、蹦起来也够不着，长此以往的结果肯定是负面的，甚至集体放弃目标，等着公司年末调整或考核放水，责不罚众、不了了之；如果目标定得过低，就容易养成一种惰性文化，使公司失去良好的成长性。

必须鞭打快牛，因为快牛是有潜力的，业务发展主要增长点只能来自快牛，但同时，要给其配比更丰厚的草料，分配更多炮火资源，让他们年底可以得到高绩效报酬。

当然，鞭打快牛也是有限度的，发展速度必须控制在一定的范围之内，总体上，让慢牛和快牛都有一个跳一跳才能够得着的目标，形成各自挖掘潜力、一起努力奔向目标的氛围。因为跳一跳才能摘到最甜的桃子。

● 理论逻辑

"SMART原则"是帮助我们有效、科学地管理目标的方法。SMART原本是"机智灵敏"的意思，这里是五个英文单词的首字母组合，它们的含义如下：

S代表具体明确的（Specific）： 目标要清晰、具体，用简要易懂的语言说清楚所达成的目标，明确具体的产出物和交付标准。目标越具体越有利于执行，执行效果也越好。

M代表可衡量的（Measurable）： 目标要能用数据指标或明确的标准进行衡量的，不能是模棱两可的。研究表明，玩电子游戏之所以上瘾，一个重要的原因是可以实现即时满足。杀死怪物就能获得经验值，完成任务就有金币奖励，过关就能有鲜花掌声，并能第一时间通过可视化的数据显示出来，让玩家有可控感和成就感。

A代表可达成的（Attainable）： 目标是可实现的，有可行性，不可好高骛远、不切实际，同时，目标也不宜过低。目标挑战难度要适中，适合的就是最好的。合理的目标设定、适当的未来憧憬，才会激起人们前进的动力。

R代表有相关性的（Relevant）： 目标要符合公司、团队或者自己的规划，是迫切想要的。机会成本原理表明，由于时间和资源有限，当你选择了一个目标、一种方案，就意味着放弃了其他可能性。

T代表有时限的（Time-bound）： 目标必须有明确的截止期限。根据工作的权重、事情的轻重缓急，制定目标时限，避免前轻后紧、前闲后忙。当然目标的完成时间也不是一成不变的，可根据具体情况调整。

• 启智增慧

SMART原则是一种用于制定目标的框架，它要求目标必须具体、可衡量、可达成、相关性强且有时限。在这个框架中，"可达成性"是一个关键要素，意味着目标应该既有挑战性，又能够在个人或组织的实际能力范围内实现。一个合适的目标应该激励人们努力奋斗，同时又不会因为过于困难而让人感到挫败。

当个人目标处于最佳平衡点时，人们会感到既轻松又有动力，因为目标与他们的能力相匹配。这种平衡可以避免因压力过大而导致焦虑，也可以避免因缺乏挑战而导致懈怠。同样，企业目标也应该设定在这样一个平衡点上，以确保团队成员能够有效地完成各自的任务，而不是追求不切实际的跨越式发展。

然而，在实际的管理实践中，一些管理者由于急功近利和过于自信，常常会设定不符合SMART原则的高不可攀的目标。他们希望通过严厉的奖励和惩罚来实现跨越式的发展，但这种做法往往忽略了产品和业务的生命周期以及市场发展的客观规律。结果，这种急于求成的策略不仅会导致无法实现目标，还可能导致资源的浪费。

作为赫赫有名、称雄一方的顶级富豪，任正非、宗庆后等著名企业家为什么如此简朴低调？关于这个问题的答案，大家仁者见仁，智者见智。我认为更深层次的意义是，他们想通过自己的以身作则，引领团队落实"花自己的钱，办自己的事"的管理理念，以实现企业效益最大化。

花自己的钱，办自己的事：
高效企业的经营之道

• 案例故事

2016年4月16日晚，在上海虹桥机场，华为的创始人任正非一手拖着行李箱，另一只手拿着电话，就像一个普通人一样站在等车的队伍里，排队等出租车。这个场景被网友捕捉后，迅速在网上走红，引起了广泛的讨论。

作为一家年营收数千亿的跨国公司的老板，他没有带助理、保镖等随从，没有走贵宾通道，出差也没有专人豪车接送，这种低调朴实的作风，和一些富豪的奢华和招摇作派形成了鲜明的对比，也和人们想象中的"霸道总裁"形象大相径庭。

有网友怀疑这是任正非在摆拍作秀，吸引流量，认为这样的行为过于刻意、不真实；也有人表示不解，认为这是在浪费时间，他应该把时间花在更有意义的事情上。

但经过证实，这确实是一个真实发生的场景，而且任正非经常这么做。

自己打出租车只是任正非勤俭节约的冰山一角。他对衣食住行的要求也不高：吃饭穿衣都不讲究，开一辆10万元的二手汽车好多年，后来出于安全考虑换了辆新车，还不配司机。

事实上，这样的企业家并非个例。宗庆后出差拎个包就走，乘高铁坐的是二等座，穿的衣服也很普通。他表示，自己不需要通过这些来赢得别人的尊重。雷军在金山上市前就已财富自由，但在创办小米时，他也是经常吃盒饭，出差坐的是经济舱，住经济酒店。这些企业家们的低调朴实，不仅体现了他们的个人品质，也展示了一种务实的企业文化。

此外，许多富豪认识到过度的奢侈并不能带来真正的成就感和幸福感。他们更注重的是企业的长远发展和社会责任，而不是个人的消费和虚荣。

更深层次的意义在于，这些创始人将企业的每一笔开支和每一项事务都视为"花自己的钱，办自己的事"。这种态度促使他们注重节约，并力求以最经济的方式达成目标。他们希望通过自己的行为，能够引领团队落实"花自己的钱，办自己的事"的管理理念，从而实现企业效益的最大化。

这种"以身作则"的领导方式，其意义远远超过了简单的节俭行为本身。它传递了一种企业文化，即每一位员工都应该以主人翁的态度对待自己的工作和企业的资源。这种文化比任何口号都更加有效，因为它体现在企业家的日常行为中，成为企业运营的基石。

• 理论逻辑

花谁的钱，给谁办事，决定了人类社会的发展和社会性质，也直接影响着一个组织的效率和效益。美国经济学家、诺贝尔经济学奖得主米尔顿·弗里德曼(Milton Friedman)有个著名的"花钱矩阵"理论（如下图所示），将人类社会的经济活动细分为四种类型。

出资		效率			成本
		低	高		
	别人	成本高 效率低	成本高 效率高	高	
	自己	成本低 效率低	成本低 效率高	低	
		别人	自己		
		受益			

"花钱矩阵"理论

1. 花自己的钱，办自己的事

既节约，又有效果。人性的常识告诉我们，每个人只有在花自己的钱的时候才更注重收益，更精打细算，也只有办自己的事的时候才更尽心竭力。

2. 花自己的钱，办别人的事

只讲节约，不讲效果。一般情况下，人在花自己的钱的时候更注意节约，用自己的钱办别人的事会很不情愿，能不花就不花，能少花就少花。

3. 花别人的钱，办自己的事

只讲效果，不讲节约。花别人的钱不心疼，办自己的事希望排场越大越好。

4. 花别人的钱，办别人的事

这是最不负责任的情况：既不讲效果，又不讲节约。拿别人的钱，自然出手阔绰，办别人的事，当然事不关己，高高挂起。

在以上4种花钱方式中，第一种最理想。对企业管理者来说，要影响并带动团队把后三种方式转换成第一种方式。

• 启智增慧

在实践中，一些企业尤其是国有企业往往会存在铺张浪费、该花不花等问题，从根本上来说，造成这些管理乱象的原因大致是三种情况："花别人的钱，办自己的事""花别人的钱，办别人的事""花自己的钱，办别人的事"。

解决这些管理乱象的措施各式各样，但总体原则是不变的，那就是如何想方设法，让大家做到"花自己的钱，办自己的事"，这里有两个关键点。

1.建立权责明确的管理机制，培养花自己钱的责任感

现代企业制度强调"产权清晰，权责明确"[1]，这是直接关系着企业兴衰成败的关键性、基础性工作。天地各归其位，万物自然欣欣向荣。

在《汉谟拉比法典》中，有这样一条法令，明确了房子的责任追究机制：如果建筑师为自由民建造的房子倒塌了，并导致屋主人死亡，那么建造房子的建筑师应该被处死。

从花钱角度来说，企业花钱要有个章法，哪些钱能花，哪些钱能省，钱花在什么地方，钱是谁花的，都必须按章办事。每花一笔钱，都要有责任单位或个人，要有成本效益分析评估，这样，可以避免有利可图时，多人邀功抢功，需要"甩锅"时，大家争相推诿扯皮。

2.该花的钱一定要花，达成办自己事的效果

"花自己的钱，办自己的事"，不是简单的抠门、一味省钱，还要讲求质量和效益，是节约和效果的辩证统一。看一个人

---

[1] 现代企业制度的定义：以市场经济为基础，以企业法人制度为主体，以公司制度为核心，以产权清晰、权责明确、政企分开、管理科学为条件的新型企业制度。——作者注

怎么花钱，能看出一个人的品性；看一个公司怎么花钱，能看出一个公司的格局。

　　任正非虽然对自己很节俭，但是，在该花的钱上却十分慷慨大方，舍得下大本钱，特别在研发上面更是坚持大手笔投入。近五年华为研发投入连创新高。Wind数据显示，2020—2024年，华为的研发投入分别为1419.51亿元、1425.67亿元、1613.09亿元、1645.63亿元、1797.87亿元，占当期营收的比重分别是16.08%、22.60%、25.33%、23.59%、20.86%。当然，所有的研发投入都不会白费，如今这些技术一个个开花结果，甚至在部分领域内长成为参天大树。

七

成就：带领团队到有牛奶和蜂蜜的地方去

彼得·德鲁克认为，管理的核心是责任，责任有三重内涵，排在第一位的就是创造绩效[1]。没有成效的领导者是苍白无力的，也无法让人信服。因此，善作为的领导者以结果为导向，拿业绩来证明，这既是组织的需要，也是个人心理建设的需要。幸福领导力要求管理者内圣外王，不仅塑造自己的内在魅力，还要成人达己、成己为人，善于成事、持续成事，带领团队到有牛奶和蜂蜜的地方去。

[1]排在后两位的依次是做好事、不作恶。 ——作者注

《水浒传》启示录：
如何成为一个受人尊敬的领导者

● 案例故事

在《水浒传》中，杨志武功堪称一流，曾得过"举人"的称号，官职做到了殿帅司制使，还是三代将门之后，五侯杨令公之孙。然而，他怀才不遇、壮志难酬，不仅在"体制内"不走运，接连失花石纲、生辰纲，导致仕途之路一波三折，而且上了梁山之后，存在感依然不强。这其中深层次的原因是什么呢？

其实，从管理学视角来看，杨志是一个很不称职的管理者，做事做人自私自利，完全不顾下属的死活。以下借助麦肯锡信任公式，和大家一起分析杨志人生失败背后的底层逻辑。

（承诺会完成，能做好）

（说的真话，专业技能）　　　　　　　　（探知情绪）

$$信任 = \frac{可信度 \times 可靠度 \times 亲密度}{自私度}$$

（权衡利益关系）

1.可信度：心有余而力不足，对异常信息缺乏基本的识别能力

对杨志来说，押解生辰纲是人生中一个绝佳的升官机会。面对梁中书的重托，他格外珍惜，表现出了"草木皆兵"的警惕性，生怕出一点差错。但他心有余而力不足，在能力方面有明显短板，比如地理等基本常识不足，对突发情况反应不及时。

当杨志领着生辰纲的护送队伍走到黄泥岗时，他注意到对面的松林里似乎有个人影在窥视。他拿着刀，决定前去一探究竟。走到近处，他看到七个人赤裸着身体，在树荫下乘凉。杨志警觉地上前盘问："你们是什么人，从哪里来？"对方回答道："我们兄弟七人，是濠州人，贩卖枣子到东京去，途中经过这里。"

然而，这里存在一个明显的破绽：濠州位于今天的安徽省凤阳县一带，在东京开封（今河南省开封市）的东南方向，而黄泥岗则位于今天的河南省南乐县。从濠州贩卖枣子到东京，无论如何也不应该绕道黄泥岗。然而，杨志地理知识匮乏，没有察觉到这一点，反而认为这是正常的。此外，夏季炎热，枣子容易变质，选择在这个时候贩卖枣子，也违背了生活常识。

然而，杨志并没有解读出对方的计谋，只是简单地认为，"我还以为是歹人，原来是几个贩卖枣子的客人"。这个小小的疏忽，最终导致了他的失败。

2.可靠度：毫无担当，一出事就躲

衡量可靠度最关键是看这个人是否敢于担当。在这方面，杨志差强人意。杨志首次被朝廷派遣至太湖边押送花石纲，途中不幸遭遇风暴，船只倾覆，花石纲因此失落。面对这一灾难，他感到无法向朝廷交代，于是选择逃避责任，悄然离去，藏匿了起来。后来，天下大赦，杨志携带财物企图通过贿赂重新获得官职，却遭到了太尉高俅的严词拒绝。高俅指责他，其他九位制使都能完成任务，唯独杨志不仅丢失了花石纲，还逃之夭夭，长时间未能被捉拿。尽管杨志获得了赦免，但高俅认为他难以再次被委以重任。

高俅的拒绝，虽然部分原因可能是杨志的贿赂金额未能打动他，但从他的话中可以看出，他对杨志临阵脱逃、不负责任的行为是零容忍的。在管理逻辑上，高俅的立场是合理的。在大多数情况下，上司对于逃避责任、缺乏担当的员工都不会有好感。

按常理，杨志应该从花石纲的失败中吸取教训，避免重蹈覆辙。然而，当梁中书给了他第二次机会，派遣他押送牛辰纲时，他再次失败，并且又一次选择逃避，违背了自己的承诺。

一个人的能力固然重要，但责任感和担当精神同样重要，甚至更为关键。杨志害怕承担责任的行为，导致了无论是在宋朝的体制内还是在水泊梁山的江湖中，他都无法立足。

3. 亲密度：脾气暴躁，高高在上，与团队成员水火不容

杨志脾气急躁，管理方式简单粗暴，加上对团队成员的诉求漠不关心，缺乏有效的沟通技巧，这些因素共同导致了团队内部矛盾的不断升级。他的领导风格使团队变得杂乱无章，团队如同一盘散沙，缺乏凝聚力和合作精神。这个弱点在押解生辰纲的任务中表现得尤为明显。在押送生辰纲的任务中，杨志作为团队领导，肩负着带领15人团队完成重任的使命。这15人中包括4名管理层成员——杨志、老都管和两位虞侯，以及11名负责挑担的军汉。任务艰苦、路途遥远且条件恶劣，每个军汉都需要挑着上百斤的重担在炎热的天气下行走。

在这样的背景下，杨志作为一把手，本应团结并激励团队成员共同面对困难，但他对待管理成员的态度却简单粗暴，缺乏必要的沟通和尊重，尤其对两位虞侯，毫不客气。当两位虞侯因为天气炎热而跟不上队伍时，杨志不仅没有给予理解和支持，反而当面责骂，甚至在对方提出合理辩解时，他的回应更加恶毒，完全没有给予应有的尊重和理解。

当他要调整队伍行走时间时，本应该向团队解释，可是，他谁都没有告知，大家都被蒙在鼓里，只有他自己一人清楚其中的缘由。当两位虞侯提出不满时，杨志劈头盖脸就来了一句更恶毒的话："你这般说话，却似放屁！前日行的须是好地面，如今正是尴尬去处，若不日里赶过去，谁敢五更半夜走？"

杨志在领导团队时，未能有效地处理团队成员的不满和抱怨，这导致了团队内部的矛盾和积怨日益加深。最终，在经过黄泥冈时，这些矛盾爆发了。

军汉们对于杨志的苛刻要求和不近人情的管理方式感到极度不满，以至于他们不再畏惧杨志的鞭打，甚至有人公然顶撞杨志，指出他对待团队成员的不公平。这位军汉的直言不讳表达了他和其他军汉们对于杨志不体恤下属、只顾自己逞能的不满。

面对军汉的反抗，杨志的回应是更加暴力，这进一步激化了矛盾。老都管此时介入，他的话虽然表面上是在规劝杨志，但实际上却表达了对杨志的不满和轻视。

老都管的介入和立场的转变，标志着杨志在团队中孤立无援。仅仅半个月的时间，他就失去了团队的所有支持。

4. 自私度：内心阴暗，自私自利，没有一个真心朋友

杨志做人内心阴暗，做事自私自利，思考的出发点永远是自己，在体制内没有真正的兄弟，在梁山上也没有交到真心朋友。

在接受押送生辰纲任务后，杨志一会儿肯去、一会儿又不去，三番五次讨价还价，尤其是梁中书让老都管和两个虞侯跟着同行时，他更是直接拒绝。他的理由是老都管在府里资历老、威望高，如果在路上与老都管意见不合，争执起来会误了大事。于是，梁中书当着杨志的面，吩咐老都管和两个虞侯都要听杨志的安排。在争取到"说了算"的权力后，杨志才心满意足，"若是

如此禀过，小人情愿便委领状。倘有疏失，甘当重罪"。

在杨志推三阻四的过程中，我们看到他关心的是自己的权威地位和升官的机会，而对运送的货物是什么并不在意，是不是合法财产也不以为意，这与同为下级武官出身的林冲相比，形成了鲜明对照——林冲是不屑为贪官运送赃物的。

在押送生辰纲的路上，杨志急功近利，只想尽快抵达东京，完成梁中书交付的任务，博得上司的欢心，圆自己"博个封妻荫子，也与祖宗争口气"的梦想，全然不顾军汉们的感受。但凡有人怠慢非打即骂，压根没把他们当人看，更没有想如何为他们谋利益、争好处，带领大家一起"大块吃肉，大碗喝酒"。

明朝思想家李贽在点评杨志时说："杨志是一勇之夫，如何济得恁事也！须以恩结这十四人，方可商量事体，要行便行，要住便住。一味乱打众人，自然拗起来。虽然由你智勇足备，亦不能跳出这七个人圈套了。徒自作恶耳，蠢人，蠢人！"

· 理论逻辑

麦肯锡有一个著名的信任公式，即信任 =（可信度×可靠度×亲密度）/自私度。领导者要提高信任力，就应提高可信度、可靠度和亲密度，降低自私度。

可信度反映了下属对领导者的技术能力和专业知识的相信程度。简单地说，就是领导是否具备解决问题的能力。

可靠度揭示了领导者展示其能力水平的一致性和可预测性，是比聪明更重要的品质。简单地说就是下属能否信任你、依靠你。

亲密度反映了领导者与下属关系的融洽、亲密程度。简单地说就是当下属感觉到领导者的温暖、亲切时，凝聚力自然增强；当下属感觉到冰冷、疏离时，信任自然会被削弱。

自私度反映了领导者与下属感同身受的程度，以及对自身利益与下属利益的看法。一个能够把其他人的利益放在自己的利益之前的人往往会走得更远。即便一个人的可信度、可靠度、亲密度都不够，如果抱着一颗100%利他的心，也可以赢得下属的信任。

• 启智增慧

彼得·德鲁克认为，有发自内心的追随者是领导者的关键标志，没有追随者就不能称其为领导者。忠诚的追随者不仅能对领导者唯命是从，更能在遇到阻碍时依然坚定拥护领导者。而这些都是建立在领导者与追随者彼此信任的关系之上，这是领导者成就一切伟大事业的基础和保障。

1.做懂业务的明白人，当行家里手，提升可信度

领导的本质是学习，领导力的核心是学习力。领导者要坚

持把学习当成一种生活方式，做到"干一行爱一行，钻一行精一行，管一行像一行"。

如果领导者不懂业务，不了解事情发展的内在逻辑规律，很容易随波逐流，陷入少知而迷、不知而盲、无知而乱的困境。在领导实践中，最怕的是"不知而作"，越俎代庖，领导者自己不知道、不专业，偏又充内行、装专家，到处指手画脚、发号施令，到处显示其领导权威。

当然，领导者成为行家里手并不意味着要十八般武艺样样精通，相反，这意味着对工作内容有相当深入的了解，能快速做出可靠的决策，并有勇气在成员知识、经验不足的地方提出问题、启发思考、指导帮助。没有人是全能的，作为明智的领导者，应该最大限度地激发团队活力和员工的善意，建立高效的制度体系，用下属的业绩体现自己的能力水平。

2. 富有担当精神，勇于承担责任，提升可靠度

人们害怕不确定性和承担责任，但好的领导者老成持重，做事让人放心，能让人心甘情愿地追随。优秀的领导者能做到每临大事有静气，让人感受到一种可以控制局面、镇得住场子的力量。正所谓"为将之道，当先治心。泰山崩于前而色不变，麋鹿兴于左而目不瞬，然后可以制利害，可以待敌"。

他们好比掌控着汽车方向盘的老司机，深谙"牵一发而动全身"的道理，说到就要做到，承诺就要兑现。基于一小部分

人的利益而朝令夕改、出尔反尔，只会给人一种"办事不牢"的印象，还可能会引起更多人的质疑和不满，这是领导者行事的大忌。

有担当精神、敢扛事，是中国文化政治哲学的精神，也是领导者最重要的政治德行，更是一位好领导者责无旁贷的使命担当。

3. 心系群众，真诚沟通，提升与下属的亲密度

"天地交而万物通也，上下交而其志同也。"领导力是一条"双行道"，关键在于领导者与下属之间要进行真诚沟通。善作为的领导者一定是沟通高手，他们常常通过讲故事、演讲、写文章等方式，不厌其烦地将团队的愿景和目标形象地传达到团队成员心中，吸引志同道合者加入，将个人的理想变成团队的共同目标。

没有任何道路通向真诚，真诚本身就是道路。切忌职业性沟通，做表面文章，走近下属却走不进下属的心，面对面却心思迥异。

当然，领导与下属的关系也不是越近越好，而是要有"菩萨心肠，雷霆手段"，保持适当的距离，做到威中有亲。在自然界中有一种有趣的现象叫"刺猬法则"：两只困倦的刺猬，由于寒冷而相拥在一起，可因为各自身上都长着刺，贴近就会刺得对方不舒服。于是，它们离开了一段距离，但又冷得受不了，于是

又凑到一起。几经折腾，两只刺猬终于找到了一个合适的黄金距离，既能抱团取暖，又不至于被对方扎伤。

领导者与下属的关系与此类似，也要掌握一个合适的度，像"刺猬法则"说的那样，既不能太远，也不能太近。韩非子曾说："喜之，则多事；恶之，则生怨。故去喜去恶，虚心以为道舍。上不与共之，民乃宠之；上不与义之，使独为之。"如果领导者离下属过远，高高在上，就会脱离群众，这样是危险的；如果领导者离下属过近，形成"零距离"式的铁哥们、闺蜜式关系，就会失去威严，也是致命的。

4.天下为公，淡泊名利，与下属共享团队成长

"吏不畏吾严而畏吾廉，民不服吾能而服吾公。"无私是人类最大的智慧，心底无私天地宽。只有大公无私，做到正义在身，才会真正赢得他人的跟随、服从、尊重与忠诚。一位领导者，即使很有能力，可一旦变得自私自利，做决策不是为了团队的利益而是为了个人名利，私心太重，伸手过长，甚至是与下属抢业绩，那么其工作绩效也会大打折扣，下属对其的信任度也会直线下滑。

> 面对变化莫测的管理场景，我们必须坚持适人、适时、适情，做到因人而异、因事而异，因地制宜，具体问题具体分析，一把钥匙开一把锁，和木匠讲话要用木匠的语言，不能用管理火车站的办法来管理机场，不能用昨天的办法来管理未来。

当你的管理"水土不服"时：因地制宜，方能破局

● 案例故事

C总作为某集团中一家中等规模的地级市分公司的主要负责人，在过去4年的工作中取得了显著的业绩，这些成就得到了公司上下的一致认可。更难得的是，在同行们为了绩效考核指标而疲于奔命时，C总却能够轻松自如地应对工作。他将这种成就归功于团队的努力，认为自己只是理顺了工作机制，让公司依靠良好的运营惯性持续发展。集团看好C总的能力，便将他调到省会城市分公司担任总经理，虽然是平级调动，但显然有培养重用的意图。

彼时，这家省会城市分公司正举步维艰、入不敷出，管理

团队士气低落。集团公司调他过来，其实也是想让他充当"救火队长"。

因为有担任同级分公司主要负责人的成功经验，他认为只要把同样的做法和模式照搬过来就好。于是，上任伊始，他信誓旦旦地说，这四年再造一个新公司，否则将引咎辞职。他心里盘算着，这里的经济基础好、发展环境好、员工学历高，他只需将原来的那套管理模式落地，激活大家的活力，就一定可以实现这个小目标。

但是，事情远比想象的要复杂，因为他发现自己那套管理模式失效了，甚至遭到员工的集体抵触。

他原来通过正向激励的方式，如发加班补贴、业务津贴等方式来鼓励大家加班，立马就可以收到立竿见影的效果，有些员工甚至有假期也不休假，周末节假日也自觉主动来上班，这样可以多挣些钱补贴家用。但是，这里的员工好像对此没有多大兴趣，加班补贴可以不领，业务津贴可以不要，可是休假时间是必须保证的。

C总在原公司以低调务实的风格著称，平时鲜少发言，一旦开口必定言出必行，因此在员工中树立了极高的威信。他的讲话总能引起大家的重视，所有员工都会聚精会神地听他讲话并认真记录，生怕遗漏任何关键信息，担心未来可能会因此受到问责或处罚。然而，在这里，由于员工们接触过更多顶级企业家和高级官员，他们对于C总的这种风格并不买账，甚至认为他是在故意摆架子，缺乏亲和力和人情味，因此纷纷选择与他保持距离。在原公司发展业务时，他一直坚持"总经理就是首席营销员"的理念，亲自拜访客户，亲自应酬，不惜成本。这种做法得到了原公司员工的认同，他们认为"人际关系就是生产力"。然而，在这里，员工对此持有不同看法，认为这种做法过于铺张浪费。他们一旦发现类似行为，就会向上级部门举报……

在遭遇挫折后，C总终于意识到原来的管理模式并不适用于省会城市分公司。他开始放下身段，深入调查员工的真实想法，并根据具体情况制定有针对性的管理办法和营销策略。经过一段时间的磨合，他逐渐赢得了大家的认同，大家开始齐心协力，共同为公司的发展努力。

成都武侯祠里有一副楹联——能攻心则反侧自消，自古知兵非好战；不审势则宽严皆误，后来治蜀要深思[1]。下联对我们解读上述案例很有启发——只有对形势有了准确的判断之后，才能制定出与之相适应的政策，宜宽则宽、宜严则严、宜快则快、宜慢则慢。否则，不明形势，照抄照搬，都是注定要失误的，这是值得每个管理者认真反省的问题。

赵藩认为，在"审势"以"治蜀"方面，诸葛亮能明审形势、因势利导，对症下药，调动各种积极因素，消除不利因素，这也是他治国艺术的精髓所在。

---

[1] 出自清·赵藩《介庵楹句正续合钞》。——作者注

当年刘备集团入蜀之初，法正就曾劝诸葛亮要学习"高祖入关，约法三章""缓刑驰禁，以慰其望"，也就是说要先施恩惠，放宽刑罚，以安抚人心。但是，诸葛亮通过对蜀地形势的深入分析，却得出了与法正相反的结论，因为刘备入蜀与当年汉高祖入咸阳所面临的是两种截然不同的时代场景。

当年汉高祖入主咸阳时，面对的是秦朝苛政、民怨沸腾的局面，采取放宽刑罚的方式，自然能顺应人民意愿，从而促进国家的安定和生产的发展。可是，刘备入蜀时，面对的却是刘璋德政不举、威刑不肃的情况，如再对他们一味施行恩惠、纵容姑息，长此以往国将不国。因此，只能"威之以法""限之以爵"，这样才能使人们感到恩惠之不易、禄位之可贵，从而令上下有节、人人守法，以达到社会安定、国家大治之目的。

事实也证明，诸葛亮选择严苛之政是符合当时形势要求的。蜀国经过一番严刑峻法治理之后，不但没有发生动乱，反而出现了"吏不容奸，人怀自厉，道不拾遗，强不侵弱，风化肃然"的社会景象，促进了生产发展和社会进步。

• 理论逻辑

具体问题具体分析是马克思主义哲学的一条基本原则。它就要求人们在做事情、想问题时，要根据事情的不同情况采取不同措施，不能一概而论。

只有对客观事物作具体的分析，方能正确认识事物，才能制订定出改造世界的正确方案，从而制定出解决矛盾的正确方法。坚持具体问题具体分析，就是坚持辩证唯物论为基础的唯物辩证法，深入实际，调查研究。在研究中，要反对主观性、片面性和表面性。

● 启智增慧

营销界有一句名言：没有场景的营销就是耍流氓。这句话同样适用于管理领域。脱离实际场景的管理，就像空中楼阁，即使理念再先进，也难以落地生根，最终只会沦为纸上谈兵。山东大学教授、项目管理专家丁荣贵有一个形象的说法，"阎王好见，小鬼难缠"的现象，其根源在于沟通不畅和需求不一致。与"阎王"沟通时，应关注组织的价值需求，而与"小鬼"沟通时，则需要让他们明白项目将如何惠及个人，例如增加收入或减少工作量。如果项目只对企业有利，却给"小鬼"带来麻烦，他们自然会持反对态度。在多变的管理环境中，我们必须坚持适人、适时、适情的原则，做到因人而异、因事而异，因地制宜，具体问题具体分析。

这就要求我们像使用钥匙开锁一样，针对每个问题找到合适的解决办法。与不同的人交流时，我们要用他们能够理解的语言和方式，例如与木匠交流时使用木匠的语言，与普通员工交流时考虑他们的诉求。经营企业时，应采用适合本土的管理方法，不能简单地套用管理火车站的方式去管理机场，也不能用过时的方法去应对未来的挑战。

现代管理学之父彼得·德鲁克曾深刻地指出："管理者不能依赖进口，即便是引进，也只是权宜之计，而且也不能大批引进。中国的管理者应该是中国自己培养的，他们深深根植于中国的文化，熟悉并了解自己的国家和人民。只有中国人才能建设中国。因此，快速培养并使卓有成效的管理者迅速成长起来，是中国面临的最大需求，也是中国最大的机遇。"

客观来看，电影《泰坦尼克号》在情节设计上并没有多少特别的创意，甚至还有些俗套，但是，这个爱情故事却讲得格外感人肺腑，令人刻骨铭心。它的豆瓣评分高达9.5分，并且斩获11项奥斯卡大奖。为什么？其成功背后一个重要的理论逻辑在于恰到好处地运用了峰终定律。

从《泰坦尼克号》看峰终定律：
如何打造难忘的体验

● 案例故事

电影《泰坦尼克号》是一部经典爱情片。影片以1912年泰坦尼克号在其首次航行时触礁冰山而沉没的事件为背景，讲述了处于不同阶层的两个人——穷画家杰克和贵族女罗丝，抛弃世俗的偏见坠入爱河，最终杰克把生存的机会让给了罗丝的感人故事。

影片上映后，对杰克和罗丝的爱情的讨论一直很多。有人质疑，这只不过是一个穷小子和富家女的俗套故事，是少不更事的一时冲动。有人纳闷，杰克和罗丝只不过认识几天，为何能产生如此刻骨铭心的爱情？为何在生死关头，杰克可以牺牲自己的生命来救罗丝？更让人疑惑不解的是，如此短暂的露水爱情，本应很快烟消云散，为何却能让劫后余生的罗丝念念不忘，不顾一切呢？其实，我们可以用"峰终定律"来分析一下这部电影中的爱情故事长盛不衰的原因。

1. 峰值：以英雄救美相识，以志同道合相爱，彼此带给对方从未有过的极致体验

1912年4月10日中午12点，有着"永不沉没的邮轮"之称的泰坦尼克号从英国的南安普敦出发驶往美国纽约，开始了它在大西洋上的第一次航行。杰克和罗丝这两个来自不同阶层和背景的男女主角，由于因缘际会，就在这艘美轮美奂的梦幻巨轮里不期而遇了。

罗丝，17岁的富家千金，天生丽质，却有自己的苦恼和无奈。她的父亲早亡，母亲为了保住上流社会的体面生活，安排她嫁给钢铁大亨家族的继承人卡尔。但罗丝不愿被这样的婚姻束缚，对未来充满迷茫和恐惧。她乘坐泰坦尼克号去美国是为了和未婚夫完成订婚仪式，但她忧心忡忡丝毫体会不到幸福。

杰克，一个穷困潦倒的青年画家，15岁就父母双亡，独自浪迹天涯。他乐观上进，对未来充满美好憧憬。他乘坐泰坦尼克号前往美国，虽然身无分文，但满心欢喜，飞奔上船，内心充满阳光。

罗丝和杰克的命运在泰坦尼克号上相遇，杰克在危急时刻挽救了罗丝，从此两人的命运紧密相连。杰克的真诚、乐观和自由

自在吸引了罗丝，她对他逐渐产生了别样的情愫。

在交谈中，两人发现彼此有着相似的爱好和价值观，心灵渐渐贴近，爱情悄然萌芽。杰克的幽默和真诚使罗丝感受到前所未有的快乐和温暖。

罗丝的未婚夫卡尔企图挽回她的心，但罗丝已经决定跟随杰克，放弃贵族身份，追求自己想要的生活。

在泰坦尼克号上，罗丝和杰克的爱情经历了种种考验，却愈发坚定。他们的故事，成为爱情与命运的经典传奇。

在泰坦尼克号沉船前的最后一个黄昏，落日染红了半边蓝天、半边碧海。两人来到甲板，登上船头，迎风而立，相拥而吻，留下了最经典的一幕。他们的身后海天相连，眼前一望无际。罗丝张开双手，杰克在背后抱着她，"我们一起飞"。这一刻，爱情达到了巅峰，被定格为爱情最美的样子；这一刻，时间仿佛停滞，永远留存在人们的记忆中。

2.终值：在千钧一发的生死时刻，两人选择生死与共，用奋不顾身的行动兑现了爱情的宣言

泰坦尼克号于1912年4月14日23时40分左右撞上冰山，整艘船于4月15日凌晨2时20分沉没。在船即将沉没的最后时刻，影片以全景的方式展现了各种人们面对死亡时的态度，揭示了大难来临时真实的人性：有的人选择坚守岗位，奏响乐器缓解紧张气氛；有的人选择优雅地迎接死亡，保持尊严；有的人为了逃生不

择手段，不顾一切；有的夫妇选择相拥而死，不离不弃；有的人因工作失误而自责，选择与船共存亡……

在这生死存亡的紧急关头，罗丝和杰克这对相识不到五天的恋人作出了惊人的选择，他们不离不弃，用实际行动诠释了爱情的承诺。

当泰坦尼克号即将沉没时，罗丝选择放弃上救生艇的机会，重新返回船舱救出被囚禁的杰克。在逃生的过程中，他们一起渡过了生死难关，一起冒险，一起面对死亡。最终，当船沉入海底时，杰克将罗丝安置在漂浮的木板上等待救援，而自己则在冰冷的海水中冻死。在临终之际，杰克鼓励罗丝坚强生存，表达了对她的感激和对未来的期许。

获救后，罗丝选择将自己的姓氏改为道森，以此纪念杰克。她勇敢地摆脱了家庭的束缚，追求自己所向往的生活：独立自主、冒险探索、追求梦想、生活充实。这段感人至深的故事触动了无数观众，展现了爱情、牺牲和勇气的伟大力量。

• 理论逻辑

峰终定律是由心理学家丹尼尔·卡尼曼提出的，这位诺贝尔经济学奖得主揭示了人们记忆体验的两个关键因素。首先，体验中的最高峰时刻，无论是正面的还是负面的，都会给人留下深刻印象。其次，体验结束时的感受，同样对人们的记忆产生显著影响。

　　值得注意的是，除了这些高峰和结束时刻，其他体验的细节，不论好坏，以及体验的持续时间长短，对人们的记忆或感受影响相对较小，往往会被忽略。因此，无论是正面的还是负面的高峰体验，以及结束时的体验，都是塑造人们长期记忆的关键因素。

　　丹尼尔·卡尼曼团队进行了一项实验验证峰终定律（如下图所示）。他们将682名需要接受结肠镜检查的患者随机分成两组。第一组患者在检查结束后立即取出器械，疼痛感迅速消失。第二组患者检查结束后器械会多停留一段时间才取出，虽然他们仍感到轻微不适，但疼痛感已消失。结果，第二组患者的整体体验反而更好，因为他们记忆中的"终值"是不适感，"峰值"是疼痛感，而第一组患者的"终值"仍然是疼痛感。

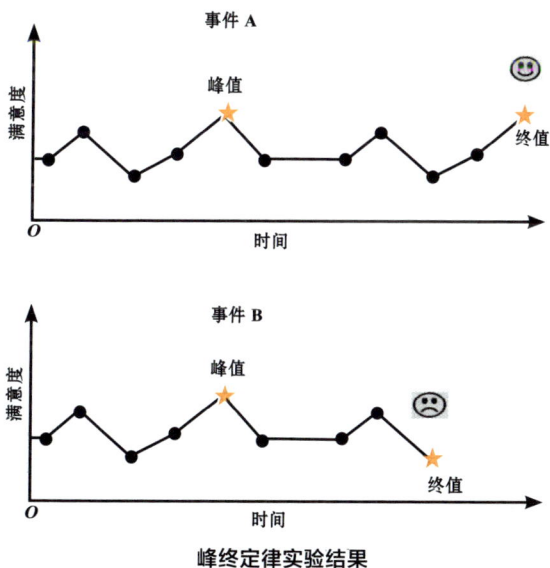

峰终定律实验结果

● 启智增慧

峰终定律告诉我们，与其将资源平均分配在整个顾客体验流程中，不如集中精力优化顾客体验的"高峰"和"终结"时刻。这样，即便使用相同或更少的资源，也能显著提升服务效能，从而优化整体顾客体验。

宜家的购物体验之所以能让人留下深刻印象，是因为它巧妙地运用了峰终定律，将资源集中在顾客体验的关键时刻，从而塑造了积极的品牌形象。

在宜家，"巅峰体验"体现在产品本身：高质量且价格亲民的商品，以及充满设计感的样板间，让顾客在选购过程中感受到物超所值的喜悦。而"终值体验"则体现在购物流程的终点：出口处的1元冰淇淋，这个小小的惊喜让顾客在结束购物之旅时留下甜蜜的回忆，这也成为了宜家的标志性体验之一。

尽管宜家也存在一些不足之处，例如商场布局复杂、服务人员较少等，但顾客往往会忽略这些细节，因为他们记住的是宜家带给他们的美好体验。这正是峰终定律的魅力所在——通过优化关键体验，宜家成功地塑造了积极品牌形象，赢得了顾客的青睐。

有一个关于成功的公式：成功=100%的意愿+100%的行动+100%的方法。在这三个要素中，意愿一定是第一位的，这是一个人成事的前提，想成事的动力，是描绘事业愿景和目标的基础，也是达成人生目标最根本的因素。因为100%的意愿，一定会催生100%的行动和100%的方法。

逆袭人生的三大法宝：意愿、行动和方法

● 案例故事

D总是草根出身，从一名普通的技术员做起，一步步成为千亿商业帝国的掌门人。他的励志逆袭故事，成为我们很多人学习的标杆。

在与D总年轻时的一位工友闲聊时，我了解到，他们曾共度一段艰难岁月。在物资匮乏的年代，他们常以一盘花生米、几根黄瓜和农村小卖部廉价的白酒为伴，苦中作乐，结下了深厚的友谊。借此机会，我向他询问D总成功的秘诀。

他吸了一口烟，沉思片刻后回答："现在很多人把D总的成功经历神化了，实际上，他并非如传说中那样神奇，但确实具备一些非凡的品质，尤其在意愿、行动和方法上有着独到之处。"

1. 在意愿上，他有着非同一般的上进心，并且表现出强烈的抱负

这位工友回忆，当年一起工作时，D总还是一名普通的技术员，大家都称呼他小D。在人群中他显得很普通，但又不普通——他比大部分人都有野心。"论上进心，他比我高出好几个层次，我的追求是老婆孩子热炕头，有吃有喝就够了。"工友抿了一口酒，不紧不慢地说。

"有一年冬天，我们一起在外施工。因为临近春节，大家都想着赶紧结束工程，回家过年。就在大家归心似箭的时候，上级通知，大领导第二天要来看望大家。听到这个消息，大家并没有感受到被关怀的温暖，反而有些不情愿，有的直接抱怨起来，'早不来，晚不来，后天就过年了，领导这时候来慰问，自己不过年了？'有人编出理由请假回家了。"

然而，小D听到这个消息后，反倒是有些兴奋。他拿出笔记本，开始复盘工程的施工情况、当前存在的问题，以及下一步的意见和建议。夜里，大家都睡了，他还在考虑领导会关注什么问题，可能提出什么问题。

"第二天，大领导如期来到工地，并和我们一起开了个会。轮到小D发言时，由于他准备充分，说得头头是道，甚至超出了领导们的期望，大领导听完后竖起大拇指说了四个字：'后生可畏。'接着又询问旁边的领导关于小D的情况。通过这次汇报，小D顺利地得到了大领导的赏识，很快就离开了工地，调入了集

团总部。"

2. 在行动上，他看好了就敢尝试，机会来了就干

理想很可贵，抱负很难得，但是，没有行动，一切都是空中楼阁。像很多成功人士一样，D总是个行动派，当别人还在观望徘徊时，他看好了就敢尝试，机会来了就接住。

小D调入集团后，迅速抓住了承包经营的机遇，在这个转型时期获得了更大的发展机会。虽然承包经营作为一种新型经营模式备受推崇，但在如何利用承包经营加速发展这一问题上，集团内部尚未有成熟的可供借鉴的模式。于是，集团决定试点新业务，提出了"包死基数，确保上交，超收多留，欠收自补"的承诺，并保证相应人员将获得相当有竞争力的薪酬。

就在大家犹豫不决时，小D报名参与了改革试点工作。他充分利用承包经营赋予的自主权，在内部进行了深刻的改革，在外部展开了灵活的营销活动。试点的业务迅速发展，团队士气高涨，小D展现出了出色的领导力。他的做法被集团公司称为"D现象"，并得到了全面推广。不久后，他被提拔为中层干部，也是集团内最年轻的中层干部之一。

3.在方法上，他不断自我进步，而且在实践中不断迭代

书籍是D总成长中不可或缺的伙伴。在他还是一名普通技术员时，他就喜欢利用下班后的时间留在宿舍学习，而不是参与其他的娱乐活动。即便成为高管之后，他对学习的热情依旧不减，每天至少留出一小时专注于阅读，并且要求秘书不打扰他。他周末也常常会早早来到办公室，享受读书的时光，对他来说，工作和学习似乎已经融为一体，他的生活几乎没有周末的概念。

秀才不出门，全知天下事。D总因为对学习的热爱，了解很多新鲜事物，拥有许多新颖的想法和方法。虽然有员工误以为他的方法都是从书本上学来的，但D总却表示，这些方法大多来源于实践和他人身上的经验，他深知理论和实践之间的区别。

在一次分公司调研中，他对分公司总经理抽象的汇报进行了质疑和批评："你虽然讲了这么多，也能看出你对这一块的研究，但是，你从来没有抓过这项工作。因为你讲的都是一些空洞的理论，缺乏具体的落实措施和实践体会。"这位分公司总经理是个管理学博士，原以为凭借自己的博学，可以瞒天过海，但没想到被D总一眼看出了破绽，惊得一身冷汗。这个例子也体现了D总对于学习的态度：不仅要获得知识，更要将其付诸实践，并通过实践不断优化和提升自己的方法和能力。

• **理论逻辑**

成功=100%的意愿+100%的行动+100%的方法

1. 成功的第一要素是意愿

在关于成功的三要素中，意愿一定是第一位的，这是一个人成事的前提，想成事的动力，描绘事业愿景和目标的基础，也是达成人生目标最根本的因素。因为百分之百的意愿，才会催生百分之百的行动和百分之百的方法。

2. 成功的第二要素是行动

每一个心向天空的人都敢于付出行动，也不计较付出行动。清华大学礼堂前的古典计时器日晷，其基座上镌刻着四个字——行胜于言。后来，清华大学以"行胜于言"为校风，大力倡导重视实干的理念和精神，形成了自己鲜明的办学特色，培养了一大批脚踏实地、报国奉献的优秀学子。

3. 方法是可以在行动中获得的

"劈柴不照纹，累死劈柴人。"有效的方法是成功的必要条件之一。有效的方法是指在实践中被证明确实能够取得实效的方法，它们是通过实际行动中的应用和验证而获得的。换句话说，只有通过实践，我们才能真正验证一个方法的有效性。

• 启智增慧

渴望成功是社会的主流价值观，也符合马斯洛需求层次理论中"尊重和自我实现"的高层次需要。成功需要意愿、行动和方法。

1. 发掘内心真实的需求，不遗余力去追求

知乎上有一个"到底是什么决定了人一生的成就"的话题，其中一个答案获得13万人点赞：你内心最深处的冲动、真正的欲望，决定了你到底能成为一个怎样的人。

邓小平当年提出，允许一部分人先富起来，先富带后富，最终实现共同富裕。但我们不难发现，改革开放以来，最先富起来的一部分人，不是最优秀的，不是学问最高的，而是最想致富的人。

2. 甘愿付出行动，全力以赴心中的梦

一个人的想法是0，行动力是1，那从0到1，就是最关键的一步。因为没有这一步，你永远是0，而一旦你走出这一步，你才可能从1到10，从10到100。

观察我们周围的职场人也不难发现这样的规律：晋升最快的人往往不是最聪明的，也不是最有能力的，而是最不计较付出行动的。人生所有的机会，从来不是坐在办公室里等来的，而是在

全力以赴的路上遇到的。

　　在当下这个"人人都是自媒体"的时代，很多个人或公司都跃跃欲试，想从中分得一杯羹。然而，绝大多数人被挡在大门之外，因为他们想配齐人员、买全设备，等"菜齐了再下锅"，待时机成熟时再下手。然而，赫为科技有限公司却在"一穷二白"的情况下，"先开枪，后瞄准"，于2021年11月23日跨界切入了从未做过的视频直播市场。他们做的第一个短视频的名字也颇耐人寻味——干就完了。

　　没有专业人员，公司董事长邓富强就"出品人、制片人、导演、演员"一肩挑；没有现代化设备，视频制作团队就就地取材，采用手机简单拍摄。可就是这样一支业余团队，却创造了一个令诸多专业团队都十分羡慕的斐然成绩：截至2023年年底，播放量超过45亿次、5个单品播放量过亿、80多个视频平均播放量过千万、全平台拥有将近1000万粉丝。

　　有行业人士问邓富强，"赫为强哥"短视频背后有多少团队成员？当听到只有不到10人的答复后，他们很惊讶。在他们看来，支撑这样高质量的短视频运作，需要百人以上的团队。

3. 坚持学习，在实践中不断优化方法

　　摩根、罗伯特和麦克三人提出的"721"学习法则认为，一个人的学习收获，70%来自实践与经验，20%来自跨界交流及复盘，10%是通过培训获得的。纸上得来终觉浅，绝知此事要躬行。不

论这个时代如何变化，实践永远是获得知识的最重要来源，不经过实践活动，就难以获得真正有用的知识。

我有一位朋友从小就有一个开书店的梦想。她后来参加工作，在一家高校任教，曾经以"书店的创业运营"为题，带领学生多次参加"挑战杯"大赛，获得了很多奖项。

然而，等她后来真正运营管理一家书店后才发现，设想与实际完全是两回事，大赛模拟与真实场景相距十万八千里。她原来设想了很多情境，感觉自己考虑得很全面，研究得很透彻，但这些大都是纸上谈兵，华而不实。真正有用有效的方法大都是在实践中摸索出来的。

丘吉尔有句名言："在人类各种天赋才华中，没有比演说这一项更为宝贵的了，一个人如果能够娴熟地掌握演讲技能，他手指的权力将比一位君主更为稳固持久。"演讲不是少数人才须掌握的技能，而是每个人一生的修炼，尤其是在人生进阶的道路上，它将是一个非常有力的武器，会让你拥有更多的机会。

从"口吃国王"到"战时领袖"：
走出恐惧，超越自卑

● 案例故事

《国王的演讲》讲述了英国历史上的一个关键时刻。1936年，随着乔治五世的去世和爱德华八世的退位，约克公爵阿尔伯特王子，一个严重口吃的王室成员，意外地被推上了国王的宝座，成为乔治六世。在语言治疗师莱纳尔·罗格的帮助下，他最终克服了口吃，成功地在"二战"爆发前发表了鼓舞人心的演讲。尽管外部世界纷扰，乔治六世（当时的约克公爵）面临的最大挑战却是自己的口吃。作为一个经常需要在公众场合演讲的皇室成员，他的口吃不仅让他屡次在公众面前尴尬，更在引发了他对演讲的恐惧和焦虑。

为了能够医治口吃，约克公爵夫妇到处寻访名医，然而无济于事，很多皇家医生也都对此束手无策。最后，他们几经周折，找到了擅长治疗心理障碍的语言治疗师莱纳尔·罗格。

罗格的治疗方式非常独特，他坚持与患者建立平等和信任的关系。即使贵为王子，约克公爵也被要求到罗格家中接受治疗，并被称呼为"博迪"——这是他在家中亲人间才使用的昵称。起初，性格暴躁的约克公爵对罗格这套治疗方法很不适应，首次诊疗不欢而散，但是，很快两人就产生了心灵默契，在一次酒后，他还敞开心扉，向罗格讲述了那些深埋在自己内心的过往。

约克公爵的口吃并非与生俱来，而是源于他童年时期的不幸遭遇，这些经历如影随形，一直影响着他成年后的生活。小时候，家里的保姆对哥哥偏爱有加，每次面见父母之前，保姆都会暗中掐他，让他哭泣，导致国王误以为他无理取闹，便将他交回给保姆照顾。令人震惊的是，身为王子的他竟然遭受了这种"黑心保姆"的长期虐待，这样的生活持续了三年之久，还导致了他的肠胃疾病。他就是在这样不公平的待遇下长大，加上从小到大一直活在父亲和哥哥的阴影下，这让他从小不自信。

乔治五世是一个严厉的君主，对孩子的教育很严格：他体罚约克公爵，强迫他改用右手，尽管他是左撇子；为了矫正他的X型腿，让他长时间佩戴痛苦的钢制矫正器；并且不允许他玩自己喜欢的模型，而是强迫他跟随自己的兴趣去集邮。这些经历剥夺了约克公爵的童年快乐，并且在他成年后，老国王依旧试图以强硬的方式帮他克服口吃。后来，乔治五世驾崩，爱德华八世继承王位。然而，爱德华八世"爱美人不爱江山"，在整个欧洲陷入战争泥潭的时候，竟然为了离过两次婚、同时劈腿三个男人的辛普森夫人，"潇洒"地辞去了国王职位。于是，约克这个最不想成为国王的王子，临危受命成为了国王乔治六世。

成为国王，无疑是荣耀的顶峰，也是公众瞩目的中心。然而，乔治六世在登基之初，却表现得像个无助的孩子，他的眼神中充满了对担负如此重任的恐惧和对辜负他人期望的焦虑。面对突如其来的演讲压力，他在妻子面前流露出脆弱的一面，他泪流满面地说："这是个错误！这是个大错误，我不是国王，我是海军军官，我只知道怎么做海军军官，我不属于这里，我不是国王！"这段告白深刻揭示了他内心的挣扎和对新角色的不适应，同时也预示了他即将踏上的成长与自我超越之旅。

国王作为一国之君，需要发表演说来凝聚人心、鼓舞士气，"民众相信国王为他们说话，而他却不能说话"，这是不能被宽恕的。面对人民的期盼，他别无选择，必须战胜最难以启齿的弱点，然后去承担国家的责任。

最终，在罗格的精心治疗下，乔治六世经过刻意练习，凭借自己不屈不挠的精神，终于战胜了自卑和恐惧，找到了自信流畅的表达方式，不仅赢得了民众的支持和尊重，还赢得了自己内心的胜利。

在第二次世界大战初期的关键时刻，乔治六世面临他作为国王的第一次重大考验。德国对波兰的闪击和英法对德的宣战之后，他需要通过广播向全国发表演讲，以鼓舞人心并表达与德国交战的决心。在莱纳尔·罗格的协助和陪伴下，乔治六世成功地完成了这次激动人心的演讲。电影中，随着贝多芬第七交响曲第二乐章的旋律逐渐推向高潮，乔治六世的声音通过广播传遍了整个英国，触及了每一个工人、农民和士兵的心灵。人们专注地聆听国王的演讲，从他坚定的话语中感受到了不妥协的决心和无畏的勇气，正如他父亲临终前所说，"约克比他的兄弟都要勇敢"。

虽然终其一生，乔治六世都并没有完全治愈口吃，但是他已经不惧怕口吃，甚至将缺点变成特点，形成自己的风格。"你还有一个W的音没有发好"，演讲结束后，罗格略有些遗憾地说。"如果太流利，别人还以为是替身呢！"他幽默地回复道，言谈举止间洋洋溢着满满的自信。这时，他已经彻底走出了"口吃的阴影"，发出了"国王的声音"，更重要的是，借助演讲赋能激发了领导潜力，让他真正担负起国王的这份责任与荣耀。

在整个第二次世界大战期间，乔治六世成为战时英国的精神领袖，并带领英国赢得了那场战争。当欧洲大陆一片腥风血雨时，当无数士兵被困敦刻尔克时，当纳粹的飞机轰炸泰晤士河两岸时，他那坚定的声音鼓舞着人们坚斗到底，而罗格则一直陪伴在国王的身旁。

• 理论逻辑

1974年11月，《伦敦时报》进行了一项针对读者的问卷调查，旨在了解他们认为世界上最令人恐惧的事情是什么。调查结果出人意料：面对公众演讲被列为最让人恐惧的事情，甚至超过了死亡。原来，对于许多人来说，面对公众演讲的恐惧竟然超过了面对死亡的恐惧，以至于他们宁愿面对死亡也不愿站在公众面前发言。

实际上，演讲恐惧症是一种普遍的精神类疾病，它涉及个体在公众场合进行演讲、表演、面试等时感受到的强烈担忧和恐惧。这种恐惧感不仅会影响到个人在这些场合的表现，还可能导致他们极力避免这些社交互动。演讲恐惧症可能会严重干扰个人的职业发展、社交活动，以及整体的生活质量。演讲恐惧症的原因主要有以下三种。

1. 性格内向

心理学研究表明，大约有30%的人属于害羞群体，他们通常性格内向，害怕在人群中公开讲话或展示自己。这种内向性格可能导致他们在需要公开发言的场合感到不适和紧张。

2. 目标焦虑

有些人总是在行动前担心结果不佳，害怕得到的太少或担心失去，这使他们在行动过程中犹豫不决，无法全力以赴。当众演讲的结果与个人的名声、形象、面子、机会紧密相关，甚至可能影响个人的利益、地位和前途。因此，演讲者可能会对演讲过程中可能出现的任何失误感到担忧。

3. 心理创伤

人们在成长过程中学习大量知识，同时处理压力和管理情绪。当现实的自我与理想的自我发生冲突，且缺乏成人世界的支持和肯定时，人们可能会形成心理问题，留下心结。这些未解决的心理问题可能导致人们在公开场合逃避主动表达自己。

● 启智增慧

面对演讲的恐惧，我们可能会感到孤独和不安，但实际上，这种恐惧是大多数人共同面临的挑战，甚至可以说是人类普遍的难题。

巴菲特在大学时期是一个内向的学生，职业生涯的早期阶段，他一度害怕在公共场合发表演讲。然而，21岁时，他意识到了演讲对于自己的事业发展至关重要，于是他报名参加了戴尔·卡耐基的公开演讲课程。通过这个课程，他克服了自己的恐惧，并获得了证书。巴菲特非常珍视这个证书，他将其摆放在自己的办公室里，并且自豪地说，"在我的办公室里，你不会看到我从内部拉斯加大学和哥伦比亚大学获得的学位证书，但你会看到我从戴尔·卡耐基课上获得的奖状。"

演讲不仅是国王或企业家才需要掌握的技能，而是每个人一生中都值得修炼的技艺。特别是在人生的不断进阶中，演讲是一种非常有力的武器，能够为你创造更多机会。丘吉尔曾说过："在人类各种天赋才华中，没有比演讲更为宝贵的了。一个人如果能够娴熟地掌握演讲技能，他手握的权力将比一位君主更为稳固持久。"

演讲在工作和生活中无处不在。作为一名营销人员，你需要通过演讲说服客户购买你的产品或服务，让他们相信产品的价值和优势；想要追求心仪的人，你需要用语言表达出自己的情感和诚意；作为一名员工，你需要向上级管理层演讲，争取资源和支持；而作为一名领导者，演讲更是必不可少的技能，你需要影响和激励下属，赢得他们的支持和信任，推动团队发展。

要学好演讲，练就好口才，需要专业的方法，科学的练习，更需要在工作生活中做一个有心人。培养良好的语言表达能力，塑造独特的人格魅力，积攒足够的专业知识。

> "可口可乐之父"罗伯特·伍德拉夫曾经有一句名言：
> "即使整个可口可乐公司在一夜之间化为灰烬，只要有'可口可乐'这个品牌在，公司就能够在很短的时间内东山再起。"
> 胖东来真的发生了像伍德拉夫说的那样一场大火，这家公司不仅在很短的时间内实现了东山再起，而且变得更加兴旺发达。

一把大火烧出行业领头羊：胖东来的品牌力量

• 案例故事

"可口可乐之父"罗伯特·伍德拉言曾说："即使整个可口可乐公司在一夜之间化为灰烬，只要有'可口可乐'这个品牌在，公司就能够在很短的时间内东山再起。"

1998年，一家位于河南省许昌市的企业真的发生了一场大火，被烧光了全部家底。但是，这家公司不仅在很短的时间内实现了东山再起，而且变得更加兴旺发达。这家公司就是许昌市胖东来商贸集团有限公司（以下简称胖东来）。

1995年，只有初中文凭的于东来身背30多万元债务，在许昌市开了一家仅有40多平方米的杂货店，并为其取名为"望月楼胖子店"，主要售卖烟酒。

1997年，于东来将"望月楼胖子店"改名为"胖东来烟酒有限公司"。

1998年，进入二次创业的第三年，于东来不仅还清了所有债务，公司还略有盈余。更难能可贵的是，在那个假货盛行的年代，他因为坚持"用真品，换真心"，使公司开始具有了一定知名度，生意日渐红火起来。

然而，接下来的一场大火却突然降临，再次把于东来从天堂烧到地狱。这一天是1998年3月15日，这是于东来终身难忘的黑色日子。一个地痞口出污秽之词，恶意骚扰女员工，还多次到店里打人、砸东西。于东来知道后，果断报警。这个地痞因此怀恨在心，遂纠集一伙亡命之徒，趁晚上没人，蓄意纵火烧毁了胖东来超市。凶手很快被公安机关绳之以法，但是，这场大火却让于东来辛苦经营的全部成果毁于一旦，让他再次陷入绝境。

在得知于东来的困境后，许昌市市民和胖东来的供应商们并没有指责他，反而通过各种方式给予他鼓励和支持。他们通过电话、慰问和捐款等方式，向于东来伸出援手。邻居大娘甚至慷慨解囊，鼓励他不要放弃，东山再起："孩子啊，可别因为这件事情趴下呀，如果你没有钱了，你大伯和我还存了两万块钱，你要用我就给你拿来。"这份人与人之间的信任和支持，让于东来始料不及，感动不已；这次人生的跌落和反弹，让于东来开始反思人生的意义，他立志要将温暖回报给爱他的人。

从那以后，于东来的经营哲学变得更加开朗和包容，文化积淀也日渐丰厚。随着于东来思想认知的提升，胖东来的业务发展也蒸蒸日上，进入了更加成熟的新阶段。胖东来的品牌形象与经营发展实现了良性互动，它们相得益彰，日臻完善。

1998年：胖东来开设人民店和许扶店。这一年，提出"遇事要抱吃亏态度"。

1999年：胖东来综合量贩开业，第一次把"量贩"这种业态引入许昌。这一年，做出"用真品换真心，不满意就退货"的服务承诺。

2000年：胖东来在商场设立了专门的服务区，只要有顾客对商场服务有任何不满意，经过确认，立即奖励500元。这一年，提出"开心购物胖东来"。

2002年：胖东来第一家旗舰店"胖东来生活广场"开业，营业面积23000平方米，集购物、休闲、餐饮、娱乐于一体，是许昌市最大的大型综合超市。这一年，胖东来的理念口号改为"创造财富、播撒文明、分享快乐"。

2003年：胖东来提出目标："世界的品牌，文明的使者"。

2005年：胖东来第一家形象旗舰店"新乡胖东来百货"开业。

2007年：新乡市的胖东来生活广场开业。

2008年：胖东来文峰广场爱心桥建成。于东来带领100多名员工在第一时间奔赴四川抗震救灾、运送救灾物资。

2009年：胖东来时代广场开业。胖东来爱心天桥正式开通，这座天桥让附近的居民和儿童每天可以安全来往回家和上学的路。

2010年：胖东来向青海省玉树地震灾区捐款100万元。胖东来职工活动中心落成，同时《职工文体活动奖励方案》发布实施。

2011年：胖东来推出"做顾客的好参谋"服务制度：禁止强拉强卖，一切为了顾客的利益，站在顾客的立场上考虑，为顾客提供其真正需要的商品。

2012年：胖东来陆续关闭了许昌市区多个便民店。这一年，胖东来提出成为"商品的博物馆、商业的卢浮宫"的目标。

2016年：胖东来提出"创造爱，分享爱，传播爱"的服务理念。

2019年：胖东来提出"自由·爱"的企业信仰。

2021年：河南遭遇特大暴雨洪涝灾害，于东来亲自带队前往郑州救援，并捐款1000万元。

2022年：胖东来提出"发自内心的喜欢高于一切"的经营理念。

2023年：于东来宣布退休。这一年，于东来提倡"活出个性，用爱去诠释生命的意义"。

● 理论逻辑

世界级品牌大师戴维·阿克（David Aaker）首次提出了品

牌资产的概念，《品牌周刊》称他为"品牌资产的鼻祖"。戴维·阿克认为，品牌建设主要有三大要素。

1.品牌知名度

品牌知名度是消费者对一个品牌的记忆程度。品牌知名度可分为无知名度、提示知名度、未提示知名度和第一提及知名度四个阶段。新产品在上市之初，在消费者心中处于无知名度的状态；经过一段时间的广告等传播，品牌在部分消费者心中有了模糊的印象，人们在提示之下能记忆起该品牌，即到了提示知名度阶段；下一个阶段，在无提示的情况下，消费者能主动记起该品牌；当品牌成长为强势品牌，在市场上处于"领头羊"位置时，消费者会第一个脱口而出提及该品牌，这时已达到品牌知名度的最佳状态。

就胖东来而言，它的品牌知名度现在毋庸置疑地处于"领头羊"位置，业务所到之地几乎无人不知、无人不晓，这让广告显得多余和无力。根据中国零售业数据显示，胖东来的人效、坪效均在中国民营企业中排名第一，可以说是中国零售业的标杆品牌。

2.品牌联想度

品牌联想度是指通过品牌产生的所有联想，这些联想可以是对产品特征、消费者利益、使用场合、产地、人物、个性等的人格化描述。这些联想往往能够组合出一些意义，形成品牌形象，并为消费者提供购买的理由和品牌延伸的依据。它是通过独特的销售点和品牌定位的传播和沟通而形成的。

凭借其长期积累的口碑和信誉，胖东来被誉为"商品的博物馆、商业的卢浮宫"，其丰富的商品种类和卓越的质量，为消费者提供了不容置疑、独一无二的选择。

3. 品牌忠诚度

品牌忠诚度是在购买决策中多次表现出来的对某个品牌有偏向性、而非随意的行为反应，也是消费者对某个品牌的心理决策和评估过程。它由五级构成：无品牌忠诚者、习惯购买者、满意购买者、情感购买者和承诺购买者。品牌忠诚度是品牌资产的核心，如果没有品牌消费者的忠诚，品牌不过是一个几乎没有价值的商标或用于区别的符号。从品牌忠诚营销观点看，销售并不是最终目标，它只是与消费者建立持久有益的品牌关系的开始，也是建立品牌忠诚，把品牌购买者转化为品牌忠诚者的机会。

对胖东来而言，它通过提供超越客户期望的服务，彻底征服了客户的心，积累了难以撼动的忠诚度。大家对胖东来的品牌表现出了狂热般的追崇，已经达到了承诺购买者的最高境界。

• 启智增慧

品牌不仅是企业信用和灵魂的象征，也是其价值和存在延续的支柱，更是衡量其社会影响力和竞争力的综合指标。在未来的市场竞争中，品牌将成为主要的竞争工具，其作用将越来越重要。一个强势品牌的价值往往占到无形资产的很大比例，有时甚至超过90%，成为企业最宝贵的资产。分众传媒创始人江南春曾说："今天的商战就是品牌战，打不赢的企业就会陷入价格战和流量战的苦战之中。品牌是企业最宝贵的无形资产和生命力。"

一个好的品牌通常意味着产品或服务具有高质量、高品位、高附加值和高市场占有率。这样的品牌能够以高价位、良好的销售表现和快速的市场响应，增强产品的竞争力，为企业带来可观的销售额和利润。一个强大的品牌能够确保企业的长期稳定和持续繁荣。例如，在选择白酒时，如果品尝的是一款知名度不高的普通白酒，口感不佳，消费者往往会立即认为是酒的质量有问题。然而，如果品尝的是享有盛誉的国酒茅台，即使口感不佳，消费者通常也不会怀疑它。这表明品牌的力量可以影响消费者对产品质量和来源的判断。

打造一个品牌需要长时间的培育和呵护，并非一蹴而就。这个过程需要创始人及其团队的企业家精神，这种精神需要贯穿企业发展的各个阶段。同时，坚持长期主义，相信时间的力量，关注未来的价值，以及保持品牌的年轻化，不断吸引年轻的消费群体，都是品牌建设的重要方面。此外，建立良好的机制，注重科研开发，持续创新产品、服务以及宣传促销手段，不断推动品牌形象的发展也是至关重要的。

在创业发展的过程中，于东来始终像呵护自己的生命一样精心培育胖东来这个品牌，将其视为自己的底线，不容许任何人、任何部门对品牌造成损害。他认为，至少要保证社会对品牌的信任，如果某个部门无法解决问题，导致品牌形象受损，他会直接告知顾客，并采取措施关闭该部门，以确保品牌的健康运营。他强调，即使公司只剩下一个部门，品牌的质量也绝不会衰退，因为品牌是值得信赖的，就像生命一样珍贵。

好的制度可以激发人的善意。一个优秀的管理者往往特别注重设计精巧和自动运行的游戏规则，让员工在预设的轨道上去玩耍，并时常精准调偏，引导游戏向想要的方向发展。

制度执行缺失导致银行巨款损失：警惕"马桶效应"

● 案例故事

最近，E总遭遇了一件糟心的事。尽管他没有直接参与任何不当行为，也没有从中获利，但由于他作为人力资源负责人未能及时执行轮岗制度，间接导致下属支行负责人F的违规行为。F利用职务之便挪用了超过5000万元的存款，并进行了投资理财，最终造成了1000多万元的损失。F因此被逮捕，并受到了法律的制裁。在这一切发生之前，F是个有口皆碑的"好行长"，她爱岗敬业，业绩突出，是公认的劳动模范，也是客户眼中的服务明星。

F之所以能够进行这些违规操作，部分原因是银行内部制度的执行不力。按照银行的规定，支行长在同一职位上的任期不应超过三年，F却连续任职了五年。最初，她因参与一项重要的跨年度营销活动而获得了延期轮岗的许可。随后，她又以怀孕待产为由，再次获得了延期许可。她像劳动模范一样辛勤工作。特别让人感动的是，她生完孩子第三周后便不顾嗷嗷待哺的孩子，提前返回单位上班，这还一度被传为佳话。

案发后，随着司法机关的介入，真相逐步显现。原来F在长期服务客户的过程中，与他们建立了一种非同寻常的信任关系，一些客户甚至会将家里的钥匙、银行卡的密码等也放心地交给她打理。然而，也正是这种盲目的无条件信任，为她挪用储户存款、进行账外投资理财提供了可乘之机。

起初，她投资非常顺利，经济回报也很可观，她不仅正常支付储户利息，还时常出手阔绰地购买一些价格不菲的礼品赠送给大客户。F与这些大客户有个"君子协定"，他们前来支取存款时，一般先打电话告知，她就会第一时间赶到现场。此时，她如果不在现场，就很容易露出马脚，这也是她辛苦工作、从不缺席的重要原因。

后来，她的投资理财项目遭遇意外，有些甚至血本无归。她不得不拆东墙补西墙，但仍无济于事。一些客户开始追着她讨钱，甚至要挟到银行聚众闹事，案情这才浮出水面。

● 理论逻辑

"权力导致腐败，绝对权力导致绝对腐败"，这句话道出了权力与腐败之间复杂而微妙的关系。当一个人获得权力时，无论其品德如何高尚，都面临着被欲望腐蚀的风险。在没有有效监督和制约的情况下，即使是最高尚的人也可能被权力中的兽性所腐蚀。

为了有效地预防和惩治腐败，我们需要构建一个由三个关键要素组成的体系：不敢腐、不能腐、不想腐。其中，"不能腐"是最为关键的。它不仅最容易实现，而且效果最为显著。

这里，我们可以借鉴"马桶效应"的概念。马桶效应原指即使马桶臭味难闻，只要有人坐着，臭味就不会散发出来。这比喻了一些企业管理者在位时可能隐藏问题，一旦离任，问题才会暴露。为了防止这种情况，轮岗等制度设计变得至关重要。通过定期轮岗，可以确保潜在的问题能及时被发现和处理，防止小问题累积成大问题。

• 启智增慧

在这个案例故事中，如果这家银行严格按照制度设计要求，及时进行轮岗，是不会酿成如此惨重损失的。所以，银行会将行长等重点岗位列为案发"高危区"，定期进行强制性轮岗或强制性休假，这是防范风险的一种行之有效的手段。

说到这里，也许有人提出，带着怀疑的眼光定期对高管进行强制性轮换和休假，是不是会破坏团队的信任氛围？事实上，这不仅不是不信任，反而是对管理者的呵护关爱。信任不能替代监督，严管就是厚爱。事实也反复证明，没有监督的信任往往会付出巨大的代价。

好的制度可以激发人的善意。一个优秀的管理者往往特别注重设计精巧和自动运行的游戏规则，让员工在预设的轨道上去玩耍，引导游戏向想要的结果发展。

在滴滴出行等网约车平台出现之前，出租车司机遇到外地的游客，有时会故意绕路，以多赚取一些服务费。但是，网约车平台出现后，他们一般不会绕路宰客，这不是因为他们的思想一下变好了，而是因为管理制度使然，网约车的计价方式是透明的，而且平台会对行车路线进行智能监控，并进行相应考核。

八

结
语

丘吉尔有一句特别耐人寻味的话："这不是结束，这甚至不是结束
的开始，但这毕竟是开始的结束。"这里的结语，也只能算是幸福
领导力开始的结束。修炼幸福领导力，只有进行时，没有完成时，
我们永远在路上。

> 彼得·德鲁克曾深刻地指出："管理后半生有一个先决条件，你必须早在后半生之前就开始行动。"智慧的人总是会及时开启"第二曲线"，在阳光灿烂的日子里修缮房屋，而不是等暴风雨来临的时候，再临时抱佛脚。

基业长青的秘诀：及时开启"第二曲线"

● 案例故事

2023年6月30日，苹果公司的股价收于193.97美元，市值首次超过3万亿美元，这个数字几乎相当于当时A股（人民币普通股票）市场总市值的三分之一。苹果公司能够在庞大的基数上实现快速增长并保持持久繁荣，关键在于它深谙"第二曲线"战略：在现有产品仍处上升期时，就着手开发完全不同的创新产品；同时，当一个市场仍处在快速增长阶段，就提前进入下一个更具增长潜力的市场。这种战略使苹果公司始终走在行业的前端。

早在史蒂夫·乔布斯时期，在苹果推出Mac计算机大获成功之后，乔布斯和他的创意团队就已经着手推出iPod并进军商业音乐界了。而当iPod占领市场的时候，他们又开始设计完全不同的新产品iPhone，iPhone同样获得成功后，苹果公司又开发了iPad。每一条新曲线都是在上一条曲线达到巅峰之前就已经构想完毕，每一条曲线都源自上一条曲线但又指向完全不同的市场。

当在中国市场遇到增长瓶颈时，苹果早已积极布局印度市场，寻找第二增长曲线。21世纪经济报道的一篇题为《苹果寻求第二增长曲线，印度制造业雄心能否实现？》的文章这样写道：

Counterpoint今年4月发布的一份报告显示，2022年苹果"印度制造"的出货量同比增长65%，价值同比增长162%，使该品牌的价值份额从2021年的12%上升到2022年的25%。

在CFRA research高级分析师安杰洛·齐诺(Angelo Zino)看来，苹果在印度市场有增长的空间。他指出，"你看看今天的印度，它与15年或20年前的中国非常相似。随着时间的推移，这种自然财富效应将帮助苹果真正打入印度市场，并看到印度市场显著增长的收入潜力。"

IvanLam对21世纪经济报道记者称，对于苹果而言，当前中国市场已经比较饱和，需要在传统产品上寻求第二条增长曲线。未来，苹果供应链迁移、复制至印度将是一个长期的过程。

中国现代国际关系研究院南亚研究所执行所长楼春豪对21世纪经济报道记者称，苹果在印度市场的发展前景不容低估。考虑到印度政府在发展制造业方面的扶持力度、苹果出于产业链供应链安全采取的战略布局，印度有可能成为承接苹果等智能手机制造的重要目的地。

● 理论逻辑

"第二曲线"理论（如下图所示）由英国管理思想大师查尔斯·汉迪提出，核心思想是说世界上任何事物的产生与发展都有一个生命周期，并形成一条曲线。在这条曲线上，有起始期、成长期、成就期、高成就期、下滑期和衰败期，整个过程犹如登山活动。为了保持成就期的生命力，要在高成就到来或消失之前，开始另外一条新的曲线，即第二曲线。

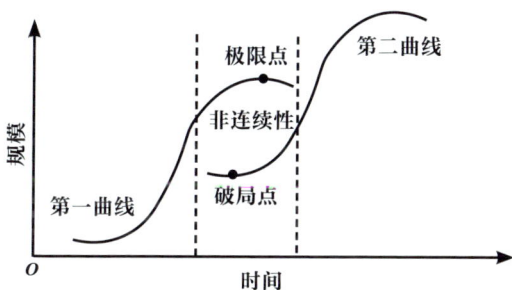

第二曲线创新模型图

查尔斯·汉迪指出，企业在第一曲线达到顶峰之前，必须找到推动企业二次增长的第二曲线。第二曲线必须在第一曲线达到顶峰之前开始增长，这样才能实现企业持续增长的目标。这是因为当企业的收入、生产率或声誉开始下降时，企业很难再去尝试新的东西。当资金本就紧张时，再增加投资显然是不合逻辑的。此外，布局第二曲线意味着与自身竞争，新产品甚至可能取代现有产品，这无疑会加剧当前的困境。因此，企业布局第二曲线应该在形势好转、衰退尚未开始时就考虑，并使其在第一曲线达到顶峰之前就开始增长。这样，企业就有足够的资源来承受第一曲线被替代带来的损失，以及第二曲线在投入期的下降。

在探索第二曲线的道路上，成功的管理者必须勇于创新、打破常规，一次次跨越那些由成功带来的"陷阱"，开辟一条与当前截然不同的新路径，为组织和企业找到实现跨越式增长的第二曲线。张瑞敏认为，企业最大的战略就是寻找第二曲线，即企业的"新的生路"。

• 启智增慧

"第二曲线"理论不仅适用于企业管理领域，能够指导企业经营发展战略，它对个人的人生规划同样具有重要的指导意义。

查尔斯·汉迪本人就是一个生动的例子。他之所以能够取得成功，不断实现人生跃迁，活得越来越精彩，成为集管理大师、全职教授、全职作家等多重身份于一身的大师，就是因为他善于布局人生中的第二曲线。查尔斯·汉迪原本在壳牌公司工作，逐步晋升为一个小国家壳牌分公司的总经理，这在他人看来是一个地位崇高、令人艳羡的职位。然而，在一切看似顺利的时候，他出人意料地拒绝了更高职位的任命，并提交了辞呈，因为他认为自己更适合从事管理者培训而非直接担任管理者。于是，他开启了人生的第二曲线：经过两年的调整和培训后，他创办了伦敦商学院。然而，他发现教书并非自己一生的追求，成为全职作家才是他的梦想。于是，他又花了四年时间，开启了人生的第二个第二曲线，最终成为一名全职作家，实现了自己的人生目标。

人生成长的历程就是不断迭代升级，寻找第二曲线的过程。这个世界上，从来没有华丽转身，有的只是蓄谋已久；从来没有一蹴而就，有的只是步步为营；从来没有逆袭黑马，有的只是厚积薄发；从来没有天上掉馅饼，有的只是刚好等在那里。

布局第二曲线，关键是居安思危，提前预判，下好先手棋。彼得·德鲁克曾深刻地指出：“管理后半生有一个先决条件，你必须早在后半生之前就开始行动。”智慧的人总是会在阳光灿烂的日子里修缮房屋，而不是等暴风雨来临的时候，再临时抱佛脚。特别是在紧要关头的关键节点，更是如此，这是增强职业安全感、化解“中年危机”的良药。

张泉灵讲，在中央电视台工作时曾经历这样一个状态：“一开始会有人说：泉灵姐，我特别喜欢你；后来有人说：泉灵姐，我妈特别喜欢你；再有人说：泉灵姐，我奶奶特别喜欢你。”面对粉丝越来越老，张泉灵敏锐地感觉到了潜在的危机，她说，“我特别担心很快就没有人喜欢我了，我就离开了。”

2015年7月，张泉灵在事业如日中天之际，悄然离开众人羡慕的中央电视台这个舞台，开始了一段全新的人生旅程。不久之后，傅盛战队官方微博宣布，张泉灵以顾问身份加入傅盛战队，并成为傅盛旗下紫牛基金的合伙人。到了2015年9月，傅盛战队升级为紫牛创业营和紫牛基金，张泉灵担任紫牛基金的创始合伙人。2019年1月，张泉灵正式加入少年得到，担任董事长，成功完成了人生后半段的职业转型。这一连串的转变让我想起了一句话："所有的奇迹，其实都是早有准备。"

致　谢

春节期间，本书刚完成三审，我正在家中梳理校稿、致谢等最后的收尾工作。一个朋友来电祝贺："厉害呀，哥们！看到你在清华有关'幸福领导力'专题分享的消息了，清华公管学院校友工作年终盘点中还提到了这件事。"

对一个作者来说，最开心的事莫过于自己的作品得到读者的认可。当我的上一本书《幸福领导力》被清华大学的师生称赞为"温暖而有力量，广博而有厚度，字里行间充满了汗水、泥土、岁月和思想的味道"时，我十分欣慰，这也给了我一定要将"幸福领导力"系列作品进行到底的动力和信心。

如今，《不内耗的管理》顺利出版上市，我最想说的两个字还是"感谢"——因为没有众多朋友和专家的帮助与支持，就不会有今天的我，更不会有这本书。

感谢时代送来的东风。在这个日新月异、遍地是黄金的时代我有幸成为全村考出来的第一个大学生，在大城市有了安身立命之地，还能有机会著书立言，作品也得到了读者的认可。

感谢学校和单位的培养。大学毕业后，我入职中国邮政，先后在市分公司、省分公司和集团总部等10多个岗位历练，深入了解了邮务、寄递、金融业务的运作流程，得以站在执行、管理和决策等多重视角，观邮政、看社会、悟人生。特别是在集团总部工作期间，我有幸近距离接触到四海精英，获取八方资讯，深感受益匪浅。

感谢在不同时期曾给予我帮助的领导、老师、同学、同事和朋友们。他们的指引让我少走了许多弯路，他们的鼓励让我不惧风雨、勇往前行，在创作道路上笔不辍耕、行稳致远。

感谢国际积极心理学联合会名誉主席马丁·塞利格曼先生，虽然从未谋面，但他一直是我创作路上的灯塔。在他提出的PERMA模型的指引下，我找到了自己的天命，并以此为框架结构，先后完成了三本专著，并且决心在这个领域持续耕耘下去。

感谢赵曙明、韩延明、许燕、陈春花、潘庆中等20余位专家和企业家的鼎力推荐。他们的专业精神令人敬畏，谦逊情怀令人叹服，精心点拨让我茅塞顿开。

感谢赫为强哥、《企业管理》、《企业家杂志》、"大众网"、"笔记侠"、"郑毓煌"等媒体的报道，让我的作品为更多读者所熟悉。

感谢杨志亮、田义栋、任鸣、管学军、周浩然、管硕、杨义中等朋友，作为书未面世前的"第一批读者"帮助校对，发现了诸多卡点断点和错别字，并提供了宝贵的修改建议，让本书语言更加流畅顺滑，增色不少。

特别感谢山东大学陈志军教授和石家庄邮电职业技术学院杜崇东教授的悉心指导。从书稿构思伊始，他们便给予我精准指导、细致点拨，还将这些案例故事带入课堂教学场景，为我提供了大量反馈信息，使我避开了许多创作陷阱。

回报感谢最好的方式是行动。我将本着"共创、共享、共赢"的原则，聚焦"幸福·管理·故事"这一细分领域，坚持做难而正确的事，努力打造特色IP，以高质量的内容来感谢曾经帮助过我的人，回馈广大读者。

更多动态信息、视频和音频资料，请关注"加油屯"微信公众号。

加油屯
微信扫描二维码，关注我的公众号

《不内耗的管理》联合创作推广团队成员

中国人民解放军西部战区总医院侯凯文教授、彭春喜博士

山东大学赵婧婧副教授

北京睿思力行管理咨询中心总经理张丽博士

山东大学企业文化研究中心沈兰军博士

广东女子职业技术学院罗海滨博士

中原科技学院刘静副教授

衡水学院郭金玲老师

山东大学创业训练营发起人、山东智谷投资总经理赵春雨博士

山东天喜缘成家立业人才服务有限公司董事长　李谦诚博士

河南金心智能科技有限公司董事　尹霞博士

山东大学校园推广大使　荀晔